U0204385

中华传统食材丛书

总主编 魏兆军 陈寿宏

虾蟹卷

主 编 郭泽镔
编 委 孙 乾 黄敏丽 曾木花

合肥工业大学出版社

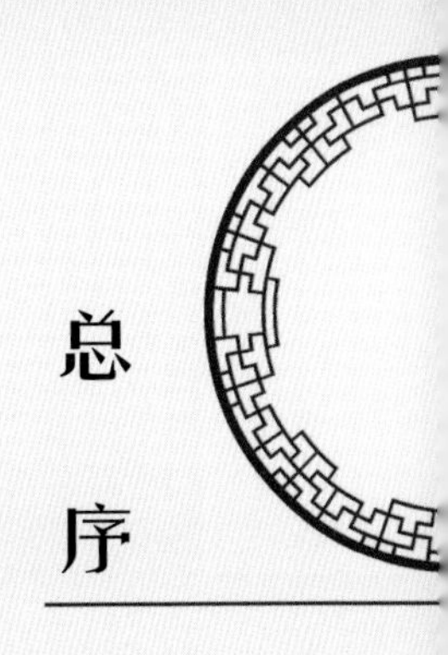

总序

健康是促进人类全面发展的必然要求，《“健康中国2030”规划纲要》中提出，实现国民健康长寿，是国家富强、民族振兴的重要标志，也是全国各族人民的共同愿望。世界卫生组织（WHO）评估表明膳食营养因素对健康的作用大于医疗因素。“民以食为天”，当前，为了满足人民日益增长的美好生活的需求，对食品的美味、营养、健康、方便提出了更高的要求。

中国传统饮食文化博大精深。从上古时期的充饥果腹，到如今的五味调和；从简单的填塞入口，到复杂的品味尝鲜；从简陋的捧土为皿，到精美的餐具食器；从烟火街巷的夜市小吃，到钟鸣鼎食的珍馐奇馔；从“下火上水即为烹饪”，到“拌、腌、卤、炒、熘、烧、焖、蒸、烤、煎、炸、炖、煮、煲、烩”十五种技法以及“鲁、川、粤、徽、浙、闽、苏、湘”八大菜系的选材、配方和技艺，在浩渺的时空中穿梭、演变、再生，形成了绵长而丰富的中华传统饮食文化。中华传统食品既要传承又要创新，在传承的基础上创新，在创新的基础上发展，实现未来食品的多元化和可持续发展。

中华传统饮食文化体现了“大食物观”的核心——食材多元化，肉、蛋、禽、奶、鱼、菜、果、菌、茶等是食物；酒也是食物。中国人讲究“靠山吃山、靠海吃海”，这不仅是一种因地制宜的变通，更是顺应自然的中国式生存之道。中华大地幅员辽阔、地大物博，拥有世界上最多样的地理环境，高原、山林、湖泊、海岸，这种巨大的地理跨度形成了丰富的物种库，潜在食物资源位居世界前列。

“中华传统食材丛书”定位科普性，注重中华传统食材的科学性和文化性。丛书共分为30卷，分别为《药食同源卷》《主粮卷》《杂粮卷》《油脂卷》《蔬菜卷》《野菜卷（上册）》《野菜卷（下册）》《瓜茄卷》《豆荚芽菜卷》《籽实卷》《热带水果卷》《温寒带水果卷》《野果卷》《干坚果卷》《菌藻卷》《参草卷》《滋补卷》《花卉卷》《蛋乳卷》《海洋鱼卷》《淡水鱼卷》《虾蟹卷》《软体动物卷》《昆虫卷》《家禽卷》《家畜卷》《茶叶卷》《酒品卷》《调味品卷》《传统食品添加剂卷》。丛书共收录了食材类目944种，历代食材相关诗歌、谚语、民谣900多首，传说故事或延伸阅读900余则，相关图片近3000幅。丛书的编者团队汇聚了来自食品科学、营养学、中药学、动物学、植物学、农学、文学等多个学科的学者专家。每种食材从物种本源、营养及成分、食材功能、烹饪与加工、食用注意、传说故事或延伸阅读等诸多方面进行介绍。编者团队耗时多年，参阅大量经、史、医书、药典、农书、文学作品等，记录了大量尚未见经传、流散于民间的诗歌、谚语、歌谣、楹联、传说故事等。丛书在文献资料整理、文化创作等方面具有高度的创新性、思想性和学术性，并具有重要的社会价值、文化价值、科学价

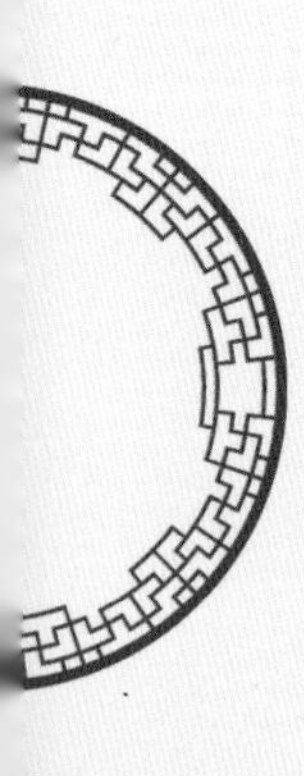

值和出版价值。

对中华传统食材的传承和创新是该丛书的重要特点。一方面，丛书对中国传统食材及文化进行了系统、全面、细致的收集、总结和宣传；另一方面，在传承的基础上，注重食材的营养、加工等方面的科学知识的宣传。相信“中华传统食材丛书”的出版发行，将对实现“健康中国”的战略目标具有重要的推动作用；为实现“大食物观”的多元化食材和扩展食物来源提供参考；同时，也必将进一步坚定中华民族的文化自信，推动社会主义文化的繁荣兴盛。

人间烟火气，最抚凡人心。开卷有益，让米面粮油、畜禽肉蛋、陆海水产、蔬菜瓜果、花卉菌藻携豆乳、茶酒醋调等中华传统食材一起来保障人民的健康！

中国工程院院士 

2022年8月

序

民以食为天，饮食文化在中华五千年文明史中有着举足轻重的地位。孙中山先生在其《建国方略》一书中说："我中国近代文明进化，事事皆落人之后，惟饮食一道之进步，至今尚为各国所不及。中国所发明之食物，固大盛于欧美；而中国烹调法之精良，又非欧美所可并驾。"从此话中可以感受到中华传统饮食文化的博大精深。

饮食文化是指在食材开发利用、食品制作和饮食消费过程中的科学、技术、文化，以及将饮食作为根源的哲学思想与传统习俗。其中，食材是指烹制食物时所需、所用的原材料。从原始社会开始，人类在与大自然的生存竞争中认识并选择了适合人类生存的各种食材，食材也因此成为人类延续生命和提高生活质量的物质基础。我国幅员辽阔、气候多样，地形复杂、物种繁多，孕育着多种多样的食材资源，其中江河湖海是我们获取鲜味食材的宝库，虾蟹以其鲜美多汁、紧致弹牙的口感，以及肥美的膏与黄，当仁不让地成为人们餐桌上的鲜味主力。

虾蟹均为节肢动物，同属甲壳纲的十足目，与人类饮食有着密切的关系。虾蟹在我国海洋渔业捕获物中产量巨大，人类主要靠捕捞和水产养殖来获得虾蟹。2021年《中国渔业统计年鉴》中记载我国海洋捕捞量前三的虾类为毛虾、对虾、鹰爪虾，蟹类为梭子蟹、青蟹、蟳；我国水产养殖的虾蟹中，产量最高的海水虾蟹分别是南美白对虾和梭子蟹，产量最高的淡水虾蟹分别是罗氏沼虾和河蟹。研究显示，我国已发现的虾蟹有1000余种，其中虾类400多种，蟹类600多种。本书中介绍的虾蟹共31种，其中虾15种，分别为：南美白对虾、斑节对虾、中国明对虾、日本对虾、刀额新对虾、长毛对虾、短沟对虾、鹰爪虾、罗氏沼虾、青虾、白虾、小龙虾、中国毛虾、口虾蛄、龙虾；蟹16种，分别为：拥剑梭子蟹、红星梭子蟹、三疣梭子蟹、远海梭子蟹、锯缘青蟹、拟穴青蟹、紫螯青蟹、日本蟳、锈斑蟳、蟛蜞、河蟹、日本绒螯蟹、大闸蟹、沙蟹、华溪蟹、寄居蟹。每种虾蟹各自为一小节，均包含以下七部分内容。

每个小节开头部分介绍与虾蟹相关的诗词、灯谜或童谣，可以让读者轻松愉悦地开启新的篇章。

第一部分介绍虾蟹的物种本源，包括拉丁名、种属名、形态特征、生长习性和生长环境，还配有相对应的图片。通过这部分的阅读，读者能够对虾蟹的动物学分类、外观、产地来源等有全面而深入的了解。

第二部分介绍虾蟹的营养及成分。虾蟹均为高蛋白质低脂肪的食材，与其他肉类相比，口感细嫩，易被人体消化吸收，营养丰富。

第三部分介绍虾蟹食材的功能，主要从传统医学和现代营养学角度来阐明虾蟹的食疗和营养学功能。

第四部分介绍虾蟹的烹饪与加工。虾蟹的烹饪方面，主要介绍每种虾蟹一两种常见的烹饪方法；虾蟹的加工方面，主要介绍以虾蟹为原料的初加工、精深加工产品以及虾蟹下脚料的回收与利用等。

第五部分介绍虾蟹的食用注意事项。虾蟹虽味美，但在吃虾蟹时需要注意一些细节，包含虾蟹的食用禁忌搭配以及适合食用的人群等。

第六部分是有关虾蟹的传说故事或延伸阅读，让读者在阅读之余体验生动而有趣的传说故事。

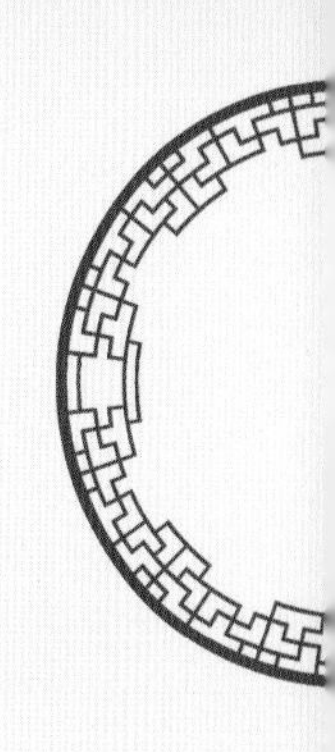

随着我国市场经济、数字经济等蓬勃发展，对外交流合作与日俱增，我国众多的传统食材与特色各异的饮食文化得到了更多外国人士的交口称誉。作为中国人，更应秉承中华美食之传统，热爱饮食之文化，将众多饮食传统与文化加以保护与保留、传承与传播。编者希冀此书能够帮助更多人对中华传统食材——虾蟹类的认识有所加深，对人们的饮食生活产生积极影响，并能够对中华传统食材文化在世界的弘扬与传播做出一点贡献。

江南大学夏文水教授审阅了本书，并提出宝贵的修改意见，在此表示衷心的感谢。

由于编者水平有限，疏漏之处恳请各位专家和同仁批评指正。

编　者

2022年7月

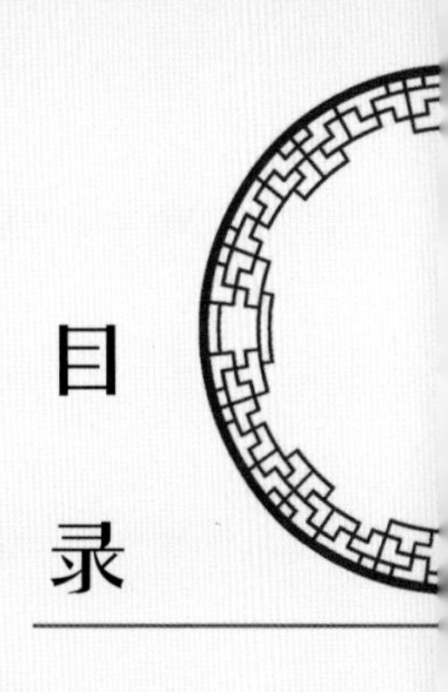

目录

南美白对虾

自生江海涯，小大形拳曲。
宫帘织以须，水母凭为目。
贵将蔽其私，贱用资不足。
於物岂无助，况能参鼎肉。

——《虾》（北宋）梅尧臣

一、物种本源

拉丁文名称，种属名

南美白对虾（*Litopenaeus vannamei*），属于节肢动物门、软甲纲、十足目、游泳亚目、对虾科、对虾属。学名凡纳对虾，俗称白肢虾、白对虾，曾翻译为“万氏对虾”。

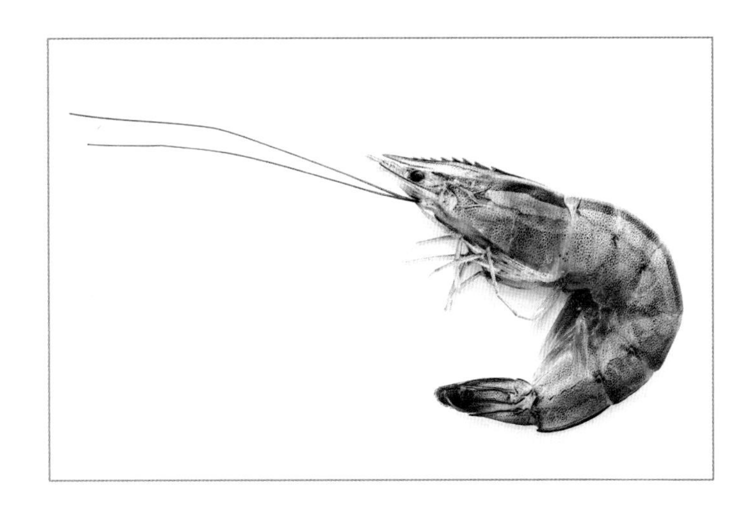

南美白对虾

形态特征

南美白对虾通体青蓝色或青灰色，虾壳薄且透明，无斑纹，外形姿态相似于中国对虾；额角处有一突起的尖端，尖端长度不超出第1触角柄的2节，齿式为5~9/2~4，额角还有一侧短沟，从额角延伸至胃上刺下方；头胸甲的长度约为腹部的三分之一，头胸甲上有显眼的肝刺以及不太突出的鳃角刺。南美白对虾的第1触角上分别有内鞭和外鞭，两鞭都短小但内鞭比外鞭更细。其共有五对步足且有所不同，前3对步足的上肢发达，其后的第4~5对步足无上肢且第5对步足拥有雏形外肢；腹部第4~6节有背脊；尾节有中央沟，但没有缘侧刺。

习性，生长环境

南美白对虾多数分布于美国西部太平洋沿岸、墨西哥湾、秘鲁中部等0~70米水深的热带海域，是广温广盐性的热带虾类。南美白对虾的生长速度快且肉质鲜美、营养丰富，成为养殖虾的首选。南美白对虾适宜生长水温为18~32℃，适宜生长盐度范围为1‰~40‰；杂食性强，营养需求不高，饲料中蛋白质含量高于20%就能很好地生长发育。

二、营养及成分

南美白对虾是一种高蛋白低脂肪食物，含有多种维生素和矿物质元素，如维生素种类有维生素A、维生素D、维生素E等，矿物质元素主要有钾、镁、钙、磷、钠等。每100克南美白对虾部分营养成分见下表所列。

蛋白质	18.71克
脂肪	1.07克
钾	291毫克
磷	259毫克
维生素D	198.32毫克
钠	164毫克
镁	64毫克
钙	29毫克
维生素A	4.76毫克
维生素E	1.79毫克

三、食材功能

性味 性湿，味甘咸。

归经 归肾、脾经。

功能 李时珍《本草纲目》中说虾主治：

（1）鳖瘕疼痛（皮下隐隐可见积块）。用鲜虾作汤吃，多次可治愈。

（2）血风臁疮。用生虾、黄丹捣和，敷贴患处。

人类最早利用甲壳的记载是来自《本草纲目》：蟹壳有破淤消积的功能。如今利用柠檬酸法和氢氧化钠法脱除南美白对虾虾头和虾壳中的钙和蛋白质，可以得到纯净的甲壳素。甲壳素可以制作成保健品，具有提高人体免疫力的功效。

四、烹饪与加工

蒜蓉粉丝蒸对虾

（1）材料：南美白对虾500克，大蒜、粉丝、食盐、生抽、料酒、耗油、葱适量。

（2）做法：①南美白对虾开背处理，粉丝用水泡软后放入少许盐、生抽、鸡粉调味后平铺在碟子上，将开好虾背的虾撒上少许盐、料酒调味后铺在粉丝上。②蒜切成蒜蓉后加油用小火熬香，加入两勺耗油，两勺生抽，少许盐和鸡粉搅拌均匀，淋在铺好的虾和粉丝上。③将淋好蒜蓉的虾和粉丝大火上锅蒸5到6分钟，出锅后洒上葱花。

虾滑

（1）原料挑选：选取青灰色的南美白对虾。

（2）原料处理：将南美白对虾去壳、去肠腺，清洗干净后切丁、拍泥备用。

（3）称量混合：将混合虾泥8672克、肥膘788克、鸡蛋清158克、姜11克、白酒11克、食盐47克、鸡精53克、鸡粉32克、白胡椒粉2克、复合磷酸盐15克、生粉200克搅拌均匀至无粉颗粒状。

（4）速冻：−35℃下速冻45分钟。

虾　滑

五、食用注意

（1）忌与啤酒同吃。大量食用虾的同时如果饮用啤酒会加速虾在人体中代谢产物尿酸的形成，人体内尿酸过多时会引起如痛风、肾结石等病症。

（2）忌与富含鞣酸的水果同吃。鞣酸会影响蛋白质在人体中的吸收利用，如果虾与富含鞣酸的水果（葡萄、柿子、山楂、石榴等）同吃，会降低虾自身的营养价值。此外，矿物质元素钙还会与鞣酸反应生成鞣酸钙，该物质不利于胃肠道健康，严重时会导致腹痛、呕吐、恶心等。

虾原本没有眼睛

历代传说海洋里的虾子原来没有眼睛，后来它要到南海敬香，没有眼睛不好走路。它同蚯蚓是好朋友，就跟蚯蚓协商说："我去南海敬香，没有眼睛，行动不便，我想跟哥哥借一双眼睛带去。"蚯蚓说："我眼睛借给你可以，什么时候还我?"

虾子说："我去南海敬香，等到刮风下雨时就把眼睛还给你。"蚯蚓说："好吧，这个时间不长。等到刮风下雨时，你就把眼睛还给我。"蚯蚓的意思是：自己平时就蹲在泥里不动，不需要用眼睛，只有刮风下雨时要外出活动，才需要眼睛，所以就把眼睛借给虾子了。

虾子借到眼睛，高兴得在水中穿跳蹦跃，十分灵便，特别是其他的鱼类看到它头上有个箭，就飞速地让开。虾子想：到底有眼睛好啊！其他动物都不敢靠近我。所以，虾子敬完香以后，就不想把眼睛还给蚯蚓了。刮风也好，下雨也好，蚯蚓都等不到虾子来还眼睛。没有眼睛蚯蚓真难过呀，所以，每到快要下雨时，它就喊："跟虾哥哥要眼睛，要眼睛!"

斑节对虾

蹦跳盈尺蟹不如，穿梭速度水虫输。
生剖体无半滴血，煮熟遍体红嘟嘟。

——《虾》流传于江苏沿海的童谣

一、物种本源

拉丁文名称，种属名

斑节对虾（*Penaeus monodon*），属于节肢动物门、软甲纲、十足目、枝鳃亚目、对虾科、对虾属。俗称鬼虾、草虾、花虾、竹节虾、金刚斑节对虾、斑节虾、牛形对虾，联合国粮食及农业组织通称大虎虾。该虾的亲本是来源于非洲的野生斑节对虾。

形态特征

斑节对虾体形为长扁状，类似梭形，体色由棕绿色、深棕色和浅黄色三种颜色的环状色带交错排列，体表光滑且虾壳较厚。自然海区中捕获的斑节对虾最大体长可达33厘米，体重500～600克。其额角上缘多数为7齿，下缘多数为3齿，额角有一超过第一触角柄末端的尖端，有一很深的侧沟从额角延伸至目上刺后方，还有一较低且钝的侧脊和明显的后脊中间沟，此外有肝脊，无额胃脊。斑节对虾有两种不同颜色的足，浅蓝色为游泳足，桃红色为步足和腹肢。

斑节对虾

习性，生长环境

斑节对虾主要分布于太平洋西南至印度洋到澳洲的浅海、河口地带，在我国广东、海南、台湾等沿海地区均有养殖。其最适生长温度为14～34℃，最适生长盐度为5‰～25‰，喜爱栖息于泥沙里，一般傍晚才开始活动。杂食性强，对饲料中蛋白质含量的要求为35%～40%。

二、营养及成分

斑节对虾是一种高蛋白质低脂肪的食材，且多为多不饱和脂肪酸，并含有较多的对人体有益的二十二碳六烯酸（DHA）和二十碳五烯酸（EPA），还含有丰富的维生素，例如维生素A、维生素E和维生素B_1等；同时还有钾、磷、钠、镁、钙等多种矿物质成分存在。每100克斑节对虾部分营养成分见下表所列。

蛋白质	18.60克
脂肪	0.80克
钾	363毫克
磷	275毫克
钠	169毫克
胆固醇	148毫克
镁	63毫克
钙	59毫克

三、食材功能

性味 性温，味甘。

归经 归肾、脾经。

功能

（1）《古今医统大全》卷八记载的虾汁汤，用半斤虾加上酱、葱、姜等料物一起水煮。先吃虾，再喝汁，后以鹅翎探引吐痰，主治中风。

（2）斑节对虾肉质鲜嫩，营养丰富，还富含磷、钙，对小儿、孕妇、身体虚弱者和老人具有补益的功效。

四、烹饪与加工

黑胡椒烤对虾

（1）材料：斑节对虾500克，黑胡椒粒、盐、油、姜片、料酒适量。

（2）做法：①对斑节对虾进行去头、开背处理，加盐、姜片、料酒、黑胡椒粒腌30分钟。②将腌好的虾沥干水分，平铺在烤盘上高火加热2分钟后取出翻面，继续高火加热2分钟。③最后高火加热1分钟将虾的表面烤干，取出装盘。

黑胡椒烤对虾

酸辣脆炸虾仁

（1）材料：斑节对虾230克，奶酪碎70克，鸡蛋40克，脆炸粉120克，盐、料酒、胡椒粉、水淀粉、油、番茄酱、白糖、白醋适量。

（2）做法：①将鸡蛋打散，搅成蛋液。②斑节对虾洗净，取虾仁剁成蓉，装入碗中放奶酪碎、盐、料酒、胡椒粉、水淀粉，拌匀。③将虾蓉挤成丸子，裹上蛋液、脆炸粉，入油锅炸熟捞出。④留少量油于锅，加入番茄酱、清水、白糖、白醋，拌匀。⑤倒入水淀粉勾芡，最后倒入虾球，炒匀，关火，将虾球盛出装入盘中即可。

斑节对虾加工废弃物回收利用

在斑节对虾加工过程中，会产生虾壳、虾头等废弃物。对于这些废弃物，可以将其制作成为其他淡水类鱼虾的饲料。

五、食用注意

（1）宿疾者，即患过某些病，到现在还没有痊愈的人不适合吃虾，避免加重病情。

（2）上火之人不宜吃虾。

（3）患过敏性鼻炎、支气管炎、反复发作性过敏性皮炎的老年人不宜吃虾。

（4）患有皮肤疥癣的人也要禁止食用虾类食物。因为虾是发物，易诱发某些疾病（尤其是旧病宿疾）或加重已发疾病。

齐白石画虾的故事

一提起齐白石，我们总会不约而同地想到他画的活灵活现的虾。灵动而呈半透明质感的虾在水中嬉戏，或急或缓，时聚时散，疏密有致，浓淡相宜，情态各异，着实惹人喜爱。然而齐白石取得这样前无古人的成就却是来之不易，据说他画虾先后竟历经86年，真是千锤百炼才打造了“白石虾”。

齐白石老家有个星斗塘，塘中多草虾，齐白石幼年常在塘边玩耍，从此与虾结缘。他画虾开始学唐宋八大家、郑板桥等人，因时代关系那些古人画虾并不成熟，所以他的虾只是略似的阶段。为了画好虾，他在案头的水盂里养了长臂青虾，这样就可以经常观察虾的形态并写生，能更好地了解虾的结构和动态。这时他的虾画得很像，依样画葫芦，但墨色缺少变化，眼睛也像真虾一样画成小黑点。只是像归像，却没有虾的动感和半透明的质感，刻画不出虾的神，仅仅逼真罢了。

再以后，他在观察虾的过程中，将虾的进退、游的急缓，甚至斗殴、跳跃等情态统统收于笔下；更在笔墨上增加变化，使虾体有了透明感。他在画虾的头胸部时先用小勺舀清水滴在蘸了淡墨的笔腹上，使之有了硬壳般的感觉。通过观察，他发现强调腹部第三节的拱起能够很好地表现出虾体的曲直和弹跳的姿势，因虾的跳跃全靠腹部，这样虾就画得更生动了。他又将虾钳的前端一节画粗，笔力得以体现。最令人叫绝的是，他在虾的头胸部淡墨未干之际加上一笔浓墨，立刻增添了透明感，也使中国画的笔墨味道更浓了。虾的眼睛也由原来的小黑点儿变成横点儿，这是为了更好地表现虾的神情而加以夸张的，但是运用得恰如其分，大家见了并不以为怪。

深谙艺术规律的白石老人将躯体透明的白虾和长臂青虾结合起来，创造了“白石虾”，其实这种水墨虾在自然界并不存在，但是在符合虾的共性的前提下，齐白石鬼斧神工地将他的“妙在似与不似之间”的理念演绎得巧妙至极。

齐白石70岁以后画虾已基本定型，但仍在不停地改进，使其趋于完美。80岁以后他的虾画得已是炉火纯青。活灵活现的虾配上芦苇、水草、慈姑、奇石、翠鸟等，更以刚劲古拙的书法题上自作的诗句，加上充满力感的印章，成就了千百幅珍贵作品。

中国明对虾

江山如画，茅檐低厦，妇蚕缫婢织红奴耕稼。务桑麻，捕鱼虾。渔樵见了无别话，三国鼎分牛继马。兴，休羡他。亡，休羡他。

——《山坡羊·江山如画》（元）陈草庵

一、物种本源

拉丁文名称，种属名

中国明对虾（*Fenneropenaeus chinensis*），属于节肢动物门、软甲纲、十足目、对虾科、对虾属。又称东方对虾，旧称中国对虾；雄虾俗称“黄虾”，雌虾俗称“青虾”。

中国明对虾

形态特征

中国明对虾通常雌虾体形略大于雄虾，虾全身由头部、胸部、腹部三部分组成，全身分为20节，头部5节、胸部8节、腹部7节。头部和胸部合称为头胸部且由头胸甲覆盖，其头胸甲有一额角，额角细长有锯齿，长度略微超出第二触角鳞片的末缘。此外，头胸甲有眼眶触角沟、颈沟及触角侧沟，无中央沟及额胃沟，还有触角刺、肝刺及胃上刺。腹部4~6节的背部中央有一纵脊且第6节长约为高的1.5倍；尾节的长度比第6节更短一些，该节由前往后逐渐变尖，两侧无活动刺。其头部的附肢从前到后依次为第一触角、第二触角、大颚、第一小颚、第二小颚各1对，还有3对颚足和5对步足。腹部前5节各有一对腹肢，腹肢发达用来游泳，第6节有一对尾肢，与尾节组成尾扇。中国明对虾的口位于头胸部腹面，肛门位于尾节腹面基部。

习性，生长环境

中国明对虾主要分布于我国黄海、渤海和朝鲜西部沿海，我国养殖对虾的省份有福建、广东、河北、辽宁等。中国明对虾是广温、广盐性，一年生暖水性大型洄游虾类，最适生长温度为15~30℃，最适生长盐度为13‰~33‰。

二、营养及成分

中国明对虾肉质鲜嫩且含有丰富的营养素。其中蛋白质含量为17.61%，必需氨基酸占氨基酸总量的39.03%，符合FAO/WHO的理想模式，此外呈味氨基酸含量高达43.73%，脂肪含量较低，ω-3脂肪酸占总脂肪酸的比例为53.85%，所以虾肉是一种高蛋白质低脂肪的食物，且风味鲜美。虾头中维生素B_3和维生素E含量也很高，同时富含人体所必需的钙、铁、锌、镁、硒等矿物质元素。每100克中国明对虾部分营养成分见下表所列。

蛋白质	17.61克
脂肪	0.80克
钙	50.60毫克
镁	44.80毫克
锌	1.11毫克
铁	0.39毫克
硒	0.05毫克

三、食材功能

性味 性湿，味甘咸。

归经 归肾、脾经。

功能

（1）《本草纲目拾遗》记载其具有补肾兴阳的作用，食用方法为：对虾，烧酒浸服。

（2）《广西海洋药物》中记载，中国明对虾水溶液对血管有收缩作用。

四、烹饪与加工

香辣水煮虾

（1）材料：中国明对虾500克，八角、桂皮、香叶、香菜、姜片、蒜、玉米油、火锅底料适量。

香辣水煮虾

（2）做法：①将中国明对虾洗净，蒜和姜片切碎，八角、桂皮、香叶、香菜洗净。②玉米油入锅烧热后放入蒜和火锅底料爆香，倒入虾，虾变红后放八角、桂皮、香叶炒香，然后加开水没过虾，盖锅盖煮15分钟。③出锅放香菜。

中国明对虾调理食品

（1）辅料准备：鸡肉清洗干净后搅成鸡肉糜，萝卜清洗后切碎，鸡肉糜和萝卜碎与淀粉混合，搅拌均匀。

（2）浆料准备：将蛋液、果汁和面包糠按比例均匀混合，浆料中各组分质量百分比：蛋液20%～30%，果汁10%～20%，余量为面包糠。

（3）中国明对虾虾肉糜制备：中国明对虾去头尾去脚去除内脏后清洗干净。将清洗沥干后的虾在半导体光催化灭菌器中灭菌处理20～30分钟。将清洗灭菌完的带壳中国明对虾搅成虾肉糜。

（4）混合调味：将虾肉糜和辅料混合，搅拌均匀后得到馅料。

（5）成型：将馅料按每片30～50克压制成5～10毫米厚的虾片。

（6）挂浆：将成形后的虾片与浆料按4：1混合均匀得到挂浆对虾片。

（7）包装灭菌：对虾片进行塑料膜真空包装，包装后再进行紫外线灭菌处理30～40分钟。

（8）速冻：将包装灭菌后的中国明对虾调理食品进行速冻处理。

五、食用注意

（1）虾为发物，凡有疮瘘宿疾者或在阴虚火旺时，不宜食虾。

（2）虾色发红、虾身变软表明虾不新鲜，尽量不吃；腐败变质的虾一定不可食用；虾背上的虾线应挑去不吃。

红娘自配

对虾不是因为一雌一雄成对地相伴而得名的，而是由于这种虾个头大，过去在北方市场上常以“一对”为单位来计算售价。

北京海淀外火器营有道名菜，是用鲜虾、鸡肉，辅以20余种配料精心制成的，俗称“红焖对虾”，可到宫中名称就成了“红娘自配”。

据说这是道来自颐和园的清宫宫廷菜肴。清宫中凡遇到有宫女入宫、出宫，均用此菜，并代代流传下来，直到传遍民间，成为一道满族家庭菜肴中的传统名菜。

相传慈禧太后垂帘听政的时候，饮食起居需用少女服侍。宫女每三年更换一次。每十年都要在民间采选一批秀丽端庄、年龄不超过12岁的姑娘进宫进行调教。

同治皇帝薨后，慈禧为保有皇太后的地位，继续独揽大权，从同治皇帝同辈的堂兄弟中，挑选载湉当皇帝，年号光绪。

光绪帝渐渐成长为一代年轻发奋的君主，施政上有了自己的见解和主张。慈禧为了全面控制皇帝，就下懿旨让光绪帝在超龄宫女中选妃，好安插自己的亲信，随时监督。

光绪皇帝当然不肯，就提前下旨让超龄宫女一律出宫还家，择人自嫁。那些超龄宫女都欢呼雀跃。

慈禧身边有个叫翠姑的人，来自外火器营正白旗。姑娘聪明又伶俐，会看太后眼色行事，尽心尽力侍奉，深得太后赏识。

虽说年龄都已20多岁了，可西太后只图自己方便享受，就是不肯放她出宫。翠姑为此颇为烦恼。

翠姑有个叔叔在御膳房做御厨，为了使侄女能早日出宫嫁给自己的外甥，他想了个绝妙的办法，就是根据《西厢记》中的故事情节，费心琢磨出一款菜肴，将大虾头尾相接。此菜色调和谐，取名叫“红娘自配”，意思就是说姑娘年纪大了，就应择人匹配。

慈禧太后见此菜品新颖别致，煞是好看，欣然发问：“此菜为何名？”

御厨答道：“此菜用虾要成双成对，所以取名红娘自配。”

慈禧太后一听到“对虾”和“红娘自配”这个有趣的菜名，就知道肯定有什么缘由要自己猜。她边吃边寻思，明白是翠姑的叔叔借菜名为他的侄女出宫求情。

慈禧太后勃然大怒，将菜盘打翻在地，可转念一想，将超龄宫女遣送回家，是皇上下的旨意，总要在奴才面前给主子留点面子，不如就做个顺水人情吧，也显得通情达理。

慈禧把翠姑和几个贴身侍女叫到跟前，嘱咐道：“你叔叔借这道菜为你求情，尔等可随时出宫，各自选配如意郎君！”

翠姑和几个贴身侍女听后大喜，齐呼谢恩，随即离开深宫，另寻爱巢。

这件事传到外火器营的八旗营房，蓝靛厂南门街上的商贩们就把大虾一对一对地卖，取名为“对虾”。

为宫女们挣脱樊笼的宫廷菜肴“红娘自配”，作为一道宫廷菜肴也在民间慢慢流行开来。

日本对虾

越井冈头云出山，牂牁江上水如天。
床床避漏幽人屋，浦浦移家蜑子船。
龙卷鱼虾并雨落，人随鸡犬上墙眠。
只应楼下平阶水，长记先生过岭年。
急雨萧萧作晚凉，卧闻榕叶响长廊。
微明灯火耿残梦，半湿帘帷浥旧香。
高浪隐床吹瓮盎，暗风惊树摆琳琅。
先生不出晴无用，留向空阶滴夜长。

——《连雨江涨》（北宋）苏轼

一、物种本源

拉丁文名称，种属名

日本对虾（*Penaeus japonicus*），属于软甲纲、十足目、对虾科、对虾属。俗称花虾、竹节虾、花尾虾、斑节虾、车虾，虾体小者还被称为虾钱。

日本对虾

形态特征

日本对虾体长中等且侧扁，有较厚的甲壳，体色为浅黄色，带有蓝褐色横条斑花纹。头胸甲有一呈正弯弓形的额角，额角的上缘有8~10个齿，下缘1~2个齿。头胸甲背面额角后脊有1条伸至头胸甲中部后的中央沟，中央沟的两侧各有1条很深的延伸至头胸甲后缘的侧沟。尾节末端为尖细刺状。附肢齐全为黄色，第1触角长度不到头胸甲长度的一半。第1对步足无座节刺。尾肢后部呈鲜艳的蓝色和黄色，边缘毛为红色。成年雌虾大于成年雄虾，一般成年虾体长为12~20厘米。

习性，生长环境

日本对虾主要分布于日本北海道及我国黄海南部10～40米水深的海域，在我国浙江、福建、台湾、广东等地均有分布。日本对虾是亚热带、广盐性虾类，最适生长温度范围为25～30℃，温度低于5℃或高于32℃时会死亡，最适生长盐度范围为25‰～30‰。其具有昼伏夜出的生活习性，喜爱栖息在沙泥底部，具有潜沙特性。日本对虾的产卵期为每年12月到翌年3月，捕捞期为1～3月份及9～10月份。

二、营养及成分

日本对虾是一种高蛋白质低脂肪的食物，含有多种必需氨基酸，18种氨基酸总量在虾肉中占70.68%，必需氨基酸指数为70.72%，其构成比例略低于鸡蛋蛋白标准，但高于WHO/FAO标准，5种鲜味氨基酸总量为35.71%。其脂肪含量仅为2.08%，且大多为不饱和脂肪酸，不饱和脂肪酸含量为脂肪酸的64.04%。日本对虾中还含有铁和锌等多种矿物质元素。每100克日本对虾部分营养成分见下表所列。

蛋白质	17.74克
脂肪	1.97克
锌	2.10毫克
铁	0.90毫克

三、食材功能

性味 性湿，味甘咸。

归经 归肾、脾经。

功能

（1）在《民间验方》中有一黄酒鲜虾汤处方，原料为新鲜大虾100克和黄酒20克。制法：将大虾剪去须足，煮汤，加黄酒；或将虾炒一下，拌黄酒。功能主治：下乳。适用于产后体虚、乳汁不下。用量：每日2次。用法：吃虾喝汤或食炒虾拌黄酒。

（2）日本对虾是可以为人体提供营养的美味食品，这是因为虾肉中蛋白质含量高。日本对虾中二十碳五烯酸（EPA）和二十碳六烯酸（DHA）含量高于其他几种经济虾类及淡水鱼类，EPA和DHA能够促进甘油三酯降低，有益心血管系统健康。

四、烹饪与加工

鲜虾寿司

鲜虾寿司

（1）材料：日本对虾200克、米饭。

（2）做法：选用身长达到20厘米的日本对虾，焯熟，待虾肉表面冷却，去掉虾壳，从腹部剖开，放置在米饭团上，制成寿司。

虾干

（1）原料选择：选取无病害、鲜活的日本对虾。

（2）蒸煮：将日本对虾洗净后倒入沸水锅中蒸煮，按每50克虾量加入2.5克左右食盐，煮完5～6锅后更换汤水。在蒸煮过程中不断搅动，直至日本对虾煮透煮熟。

（3）烘烤：将蒸煮好的日本对虾捞出，进行高温快速烘烤。

（4）成品挑选：将烤好后的日本对虾干挑去不合格的软壳虾，断头断尾的残体虾以及杂质。

(5) 包装：按不同等级称重后，装入塑料袋，再装进带透气孔的纸箱，封口。

五、食用注意

(1) 忌与富含鞣酸的水果同吃。鞣酸会影响蛋白质在人体中的吸收利用，因此如果虾与富含鞣酸的水果（葡萄、柿子、山楂、石榴等）同吃，会降低虾自身的营养价值。此外矿物质元素钙还会与鞣酸反应生成鞣酸钙，该物质不利于胃肠道健康，严重时会导致腹痛、呕吐、恶心等。

(2) 食用日本对虾时应该选择新鲜的虾，当虾色发红、虾身变软表明虾不新鲜，尽量不吃；腐败变质虾一定不可食用；虾背上的虾线应挑去不吃。

雪梅伴黄葵

雪梅伴黄葵是沈阳的特色美食，也是沈阳御膳风味的菜馆龙凤阁的拿手菜。这道菜在清代是皇家御用菜，造型非常讲究，将虾球和肉馅蛋饺两种造型不同的原料成双结对地搭配在一起，并点缀以青椒、豌豆、虾尾等作为镶嵌料。这道菜不仅造型精美，而且味道极其鲜美。

相传东汉年间，江南一个山清水秀的小村庄，住着雪、黄两户人家，他们和睦相处，往来甚密。有一年的正月十五，雪、黄两家各有婴孩降生，雪家女婴唤作雪梅，黄家男丁取名黄葵，为了使两家关系更加密切，双方家长便在孩子满月那天，给他们定下了终身大事。

黄葵自幼聪颖好学，雪梅出落得如花似玉。然而，天有不测风云，在他们14岁那年，黄葵的父母相继去世，小黄葵虽已为孤儿，但他依旧刻苦学习。3年后正值朝廷大考，为了筹措应试资金，他便去找未来的岳父借钱，未曾料到，雪梅父母嫌贫爱富，不但将他赶出门外，而且还当面撕毁了婚约。雪梅得知此事，非常生气，为了帮助黄葵，她决定女扮男装，陪未婚夫一起进京应试。在星夜兼程途中，他们相互照顾、结伴而行，一路上情同手足。大考揭榜，黄葵中得头名状元，雪梅名列第二，后来黄葵从雪梅辞别留下的信中得知，这位手足“兄弟”原来是自己的未婚妻。头名状元黄葵再次登进雪府大门时，岳父母感到既高兴又惭愧。为了表示祝贺，厨师在他们的喜庆婚宴上精心制作了一道新菜“雪梅伴黄葵”。

刀额新对虾

小小一条龙，须发硬似鬃。
生前没有血，死后满身红。

——《虾》谜语

一、物种本源

拉丁文名称，种属名

刀额新对虾（*Metapenaeus ensis*），属于节肢动物门、软甲纲、十足目、对虾科、新对虾属。俗称泥虾、麻虾、花虎虾、虎虾、砂虾、红爪虾、卢虾，习惯上称基围虾。

刀额新对虾

形态特征

刀额新对虾是一种中小型对虾，体长为7.5～16厘米，体重4～50克，体色为淡棕色。其头胸甲上的额角上缘有6～9个齿，下缘无齿。没有中间沟，第1触角上有一长度为头胸甲长度1/2的长鞭。腹部为6节，背面有纵脊，尾节没有侧刺。第1对步足有座节刺，最后一对步足没有外肢。近缘新对虾与刀额新对虾除了腹部游泳肢颜色和交接器形状不同外，其他形态相似。

习性，生长环境

刀额新对虾主要分布于日本东海岸，在我国东山半岛、广东沿海等地区均有分布。刀额新对虾是一种广温广盐近岸浅海虾类，适宜生长的温度范围为10～37℃，适宜生长的盐度范围为0～34‰。具有杂食属性，生长迅速且生存能力强，能耐低氧，适合运输。

二、营养及成分

每100克刀额新对虾部分营养成分见下表所列。

蛋白质	15.40克
粗脂肪	0.92克
钙	1.38克
钠	0.34克
维生素E	34.49毫克
钾	23.81毫克
烟酸	11.92毫克
镁	6.11毫克
维生素C	2.60毫克
铁	0.46毫克
维生素B_6	0.16毫克

三、食材功能

性味 性湿，味甘咸。

归经 归肾、脾经。

功能

（1）《中国食材辞典》中记载，刀额新对虾有补肾壮阳、通乳抗毒、养血固精、化瘀解毒、益气滋阳、通络止痛、开胃化痰等功效。

（2）刀额新对虾体内含有一种强抗氧化作用物质——虾青素，虾表面红颜色越深，说明虾青素含量越高。虾青素对卵巢癌细胞SKOV3生长具有明显的抑制作用。

四、烹饪与加工

干锅刀额新对虾

（1）材料：刀额新对虾250克，蒜蓉、姜蓉、葱花、辣椒、油、食盐适量。

（2）做法：①刀额新对虾剪去虾须、虾剑，刀在虾背上剪开一条，把虾肠取出来。②油温七成热，放虾入锅炸，虾完全卷曲变色捞出备用。②热油锅下姜蓉、蒜蓉、葱花、辣椒爆香，加盐。③放入炸好的虾，搅拌均匀，虾入味后出锅。

干锅刀额新对虾

白灼刀额新对虾

（1）材料：刀额新对虾500克，姜、蒜、油、食盐、黄酒、酱油、香油适量。

（2）做法：①刀额新对虾先用淡盐水浸泡十分钟，洗干净后用剪刀剪去长须。②姜切片，锅中加少许油烧热，放入姜片炸一下后倒入一碗水烧开，并加1小勺黄酒。③倒入虾煮熟后关火捞出。④将蒜剁碎，加适量的海鲜酱油和香油调成酱汁，虾去壳后蘸酱汁食用。

五、食用注意

对虾过敏的人群，要谨慎食用。

神奇的“药丸”

传说中，古时候有个江湖郎中，不幸被盗贼掠夺所有财物。于是，他跑到鱼市场捡些没有人要的刀额新对虾头、虾壳等物，回到客栈把这些东西炒熟，研末后用蜜糖搓成“药丸”，然后拿到市场上叫卖。结果凭三寸不烂之舌，他把“药丸”卖了出去。这个江湖郎中回到客栈马上收拾行李就想一早离去，原因是害怕有人找他晦气。谁料一早起来，就有几个大汉找他，这个做了亏心事的江湖郎中正准备说对不起的时候，几个大汉却竖起大拇指，赞“大药丸”治好了肾亏，想再来多买一点。

长毛对虾

硬手硬脚硬脑壳，头戴剑帽到处戳。
生在水里多自在，一到陆地失知觉。

——《虾》灯谜

一、物种本源

拉丁文名称，种属名

长毛对虾（*Penaeus penicillatus*），属于节肢动物门、软甲纲、十足目、枝鳃亚目、对虾科、对虾属。别称大虾、白虾、红尾虾、红虾、大明虾等。

形态特征

长毛对虾多为一年生虾，不同的发育阶段形态不同，对生长环境的要求也有所不同。成年的长毛对虾体表光滑，甲壳透明且薄，头胸甲和腹部背面为散布暗棕色素点的淡黄色，额角和体背面的脊为暗红色，腹肢、尾肢末部为粉红色，尾肢后半部为草绿色。其额角平直到末端变为尖细，长度超过第一触角柄的末端，上缘和下缘分别有7~8个齿和4~6个齿，下缘齿较小且在末半部，基部有一隆起，雌虾的隆起比雄虾高。额角有一又高又锐的后脊，脊上带有凹点。头胸甲上眼眶触角沟明显，颈沟为窄细型，额角有延伸至胃上刺下方消失的侧沟，无中央沟，无额胃沟，有肝沟，无肝脊。其腹部一共有6节，4~6节的背部有纵脊，第6节与尾节长度相等，但第6节末端有锐

长毛对虾

刺，尾节末端尖但无侧刺。腹部还有5对带有外肢的步足，第1对步足有基节刺和座节刺，第2对步足有基节刺而无座节刺，第3对步足可达鳞片的末端，第4、5对步足约达鳞片基部1/4处且第5对步足的外肢较小。

习性，生长环境

长毛对虾原产于中国的东海、南海和台湾海峡，以及日本、菲律宾等地，如今在印度洋的巴基斯坦到印度尼西亚沿海一带也有分布。长毛对虾最适生长的温度为25~30℃，最适生长盐度各个生长阶段有着不同的范围，胚胎期为23‰~31‰，无节幼体期为22‰~31‰，幼虾期为18‰~30‰。长毛对虾对饲料中蛋白质含量要求不高，30%左右蛋白质含量的饲料喂养就能够发育良好。

二、营养及成分

长毛对虾处于第三营养级，此外还有丰富的矿物质元素。每100克长毛对虾部分营养成分见下表所列。

蛋白质	18.50克
碳水化合物	3克
脂肪	400毫克
钾	386毫克
磷	241毫克
钠	208.80毫克
维生素A	79毫克
镁	47毫克
钙	36毫克

维生素E	3.52毫克
烟酸	3.10毫克
铁	2.90毫克
锌	1.55毫克
铜	0.62毫克
胡萝卜素	0.40毫克
锰	0.12毫克
核黄素	0.06毫克
硫胺素	0.03毫克

三、食材功能

性味 性温，味甘咸。

归经 归脾、肾经。

功能

（1）据《中国药用动物志》记载，长毛对虾主治肾阳不足所致的阳痿、遗精、畏寒肢冷，小便频数、脾胃虚弱、食少纳呆、腹满泄泻、气血不足、疮口不敛。春季捕捞，去壳，取肉鲜用，或蒸熟晒干备用。

（2）长毛对虾肌肉中含蛋白质、脂质、糖类、多种氨基酸和矿物质，内脏及甲壳中含β-胡萝卜素、海胆素、鸡油菌黄质、叶黄素、玉米黄质和虾青素。这些物质对人体都有益处，所以食用长毛对虾具有一定的保健功效。

四、烹饪与加工

三杯虾

（1）材料：长毛对虾500克，米酒、荆菜、蒜、姜、冰糖、油、生抽、老抽、香油适量。

（2）做法：①长毛对虾洗净，去须。②姜和蒜切片，荆菜去梗留叶。③中火加热炒锅，倒入油，放入姜蒜翻炒爆香。④放入虾翻炒几下，加入准备好的米酒、生抽、老抽以及香油（芝麻油）。⑤加入荆菜，盖上锅盖焖煮2分钟。⑥加入冰糖，炒匀，大火收汁即可。

三杯虾

五、食用注意

一般人均可食用长毛对虾，但过敏体质的人应忌吃。

香辣虾的起源

相传北宋嘉祐年间，苏轼首次出川赴京应举，行至途中满目险景，体倦神乏。天晚遇一樵夫问可否借宿，樵夫笑答："前面不远乃老夫寒舍，如有不弃，可去我处落脚。"苏轼谢之。入屋不久樵夫端上菜肴，一股异香紧随而至，满屋生香。苏轼忙问是何美味，樵夫道："此乃小溪中之河虾，老夫特加一些草药，给先生提神解乏，请先生尝之。"苏轼品后但觉此虾香气四溢，回味悠长，顿感精神抖擞，夸此乃人间独有之美食也。

次年苏轼与弟同榜进士，从此走上仕途，成为一代文豪，此虾也因此而在巴蜀等地广为流传。重庆一傅姓人家博采众家之长，通过研制改进，用科学养生的理念，融川菜与粤菜于一身，研制出自己独特之品牌"香辣虾"。

短沟对虾

生着青衣会游，死穿红袍不跳。
水草从中觅食，活捉跳跳拉倒。

——《虾》灯谜

一、物种本源

拉丁文名称，种属名

短沟对虾（*Penaeus semisulcatus*），属于节肢动物门、软甲纲、十足目、须虾科、对虾属。俗称赤脚虾、花虾、凤尾虾、丰虾、墨节虾、竹节虾等。

短沟对虾

形态特征

短沟对虾通常体长15~21厘米，体重60~130克，体表光滑，甲壳薄，体色为褐色和暗黄色相间，游泳肢为紫红色。短沟对虾的形态相似于斑节对虾，其头胸甲上有一上下缘都具齿的额角，上缘分布着6~8个齿，下缘分布着2~4个齿，额角的后脊中央明显，有肝脊，没有额胃脊。腹部上有5对步足，第3对步足超过第2触角鳞片的中部，第5对步足有小的外肢。

习性，生长环境

短沟对虾的分布范围很广，从印度洋到太平洋，以及南非、东非、菲律宾、日本等地的10～50米浅海岸均有分布。在我国，短沟对虾主要分布于海南、广东、广西、福建和浙江等省、自治区。短沟对虾适宜生长的温度范围为17～29℃，适宜生长的盐度范围为28‰～35‰。该对虾习惯昼伏夜出，主要食物为栖底生物，喜爱和斑节对虾、日本对虾群居。

二、营养及成分

短沟对虾中含有18种氨基酸，呈味氨基酸含量之和占氨基酸总量的42.40%。每100克短沟对虾主要营养成分见下表所列。

蛋白质	78.43克
脂肪	3.34克
灰分	15.17克

三、食材功能

性味 性湿，味甘。

归经 归肾、脾经。

功能 以短沟对虾虾头为原料提取得到的抗氧化肽是一种五肽，能延缓脂质的氧化。

四、烹饪与加工

调味料

以短沟对虾虾头为原料，利用酶解技术对其进行酶解，得到虾味浓郁且清澈无杂质的酶解液。酶解液中氨基酸总含量达到54.92毫克/毫升，其中必需氨基酸含量为20.80毫克/毫升。呈味氨基酸赋予了酶解液浓郁的虾鲜味道，使其非常适合作为调味品基料使用。加工工艺流程为：虾头→清洗→控干水分→打浆→调节pH和温度→加酶→酶解→灭酶→离心取上清液→酶解液。

五、食用注意

阴虚阳亢者不宜多食。

乾隆与臭虾酱

民间有句俗语："臭鱼烂虾，送饭冤家。"这是说以前百姓食不果腹，没有钱买菜，只好将别人不要的小鱼小虾研成酱，吃起来特别下饭。相传这臭虾酱最早还是乾隆发现的。

清朝乾隆年间，绥中有个鱼贩叫王老七，每天把打鱼船上的虾、鱼、螃蟹等全都包下来，贩到绥中城里鱼市去卖，虽然辛苦，勉强还能养家糊口。有时鱼虾卖不完就得扔掉，时间长了，王老七觉得可惜，就把卖剩下的鱼虾装在几口大缸里，留着喂猪。他怕雨水下到缸里就把大缸盖上。

有一年，乾隆回东北祭祖，路过绥中某处落脚休息时，闻到有股异香便让小太监去找。

后来，小太监寻到了王老七家，把酱缸盖一打开，香气逼人，便问王老七，你家这缸里是何物？王老七以为是官府来要他的臭鱼烂虾回去也喂猪呢，走近缸前看看自己糟践的臭鱼烂虾都成酱状了，顺口说了一句："卤虾酱！"小太监又问多少钱一斤，王老七说："你们随便拿，不要钱。"小太监扔下银子，挖了两桶担着就走了。担回去后，厨师用其做成了佳肴，乾隆和文武大臣没吃过，食欲大开，更是连声称赞。

直到乾隆让小太监送去赏银，王老七才知道，这下子可把他吓坏了，却不敢说出实情，心想：如果把皇上吃坏了，就等着满门抄斩吧！王老七提心吊胆地等了好几天，没想到皇上居然没有事！既然皇上吃了都没有事，还说好吃，那这肯定是美味佳肴了，没想到没舍得扔掉的臭鱼烂虾居然还能变成宝。

从那一天开始，王老七就试着做卤虾酱。夏天做，冬天卖，后来靠着它慢慢发家致富了。渐渐地，兴城、锦州沿海地区也都跟着做卤虾酱了。

鹰爪虾

长沙入楚深，洞庭值秋晚。
人随鸿雁少，江共蒹葭远。
历历余所经，悠悠子当返。
孤游怀耿介，旅宿梦婉娩。
风土稍殊音，鱼虾日异饭。
亲交俱在此，谁与同息偃。

——《送湖南李正字归》
（唐）韩愈

一、物种本源

拉丁文名称，种属名

鹰爪虾（*Trachypenaeus curvirostris*），属于节肢动物门、软甲纲、十足目、对虾科、鹰爪虾属。又称鸡爪虾、厚壳虾、红虾、立虾、厚虾、沙虾。目前我国沿海发现并有记载的鹰爪虾属种类有4种，即鹰爪虾、粗糙鹰爪虾、红褐鹰爪虾和澎湖鹰爪虾。

鹰爪虾

形态特征

鹰爪虾体长为4~6厘米，体形为侧扁状，体色为红褐色，腹部各节前缘为白色，后缘为红褐色，体表粗糙且有较硬的甲壳包裹着，因其弯曲身体的时候形似鹰爪，故被称为鹰爪虾。鹰爪虾身体由头部、胸部和腹部三部分组成，其中头部和胸部共同组成头胸部，也就是虾头。头胸部被一个大甲壳包裹着，这个大甲壳称为头胸甲，头胸甲的前端中央有一额角，额角背缘有5~7个小齿，腹缘无齿，通过观察额角的背缘和腹缘是否有小齿是辨认鹰爪虾的主要方法之一。鹰爪虾的腹部由七节构成，第7节是形状为三角形的尾节，腹节由背甲和腹甲侧甲包裹。鹰爪虾一共有附肢19对，其中头部有5对附肢，从前往后顺序依次为第1触角、第2触角、大颚、第1小颚和第2小颚；胸部有8对附肢，前3对叫颚足，后5对叫步足，前3对步足的末节为钳状，后2对步足的末节为爪状；腹部有6对附肢，第1～5对为游泳足，第6对叫尾肢，尾肢十分宽大且与尾节一起构成了可以让鹰爪虾身体迅速移动的尾扇。雄性鹰爪虾和雌性鹰爪虾、幼虾的主要区别在于额角末端，雄虾向上翘起，雌虾和幼虾则平直。

习性，生长环境

鹰爪虾的分布十分广泛，从东非到南亚再到东亚都有鹰爪虾的身影，其中日本列岛和我国黄海存在着数量最多的鹰爪虾。我国的四大海域环境都很适合鹰爪虾的生存，其在我国主要的分布地区为威海和烟台海域，威海是鹰爪虾高产海区。鹰爪虾属于广温、高盐系虾类，最适生长温度为27～29℃，最适生长盐度为28‰～33‰。

二、营养及成分

鹰爪虾属于经济价值较高的一类中型虾。其味道鲜美且出肉率高，可食用部分蛋白质含量为51.4%，脂肪含量为3.6%，是一种营养丰富且高蛋白低脂肪的优质食材。虾肉的灰分中还含有钙、铁、镁、锌、铜、硒等多种营养成分。

三、食材功能

性味 性温，味甘。

归经 归肾、脾经。

功能 鹰爪虾营养丰富，且肉质松软，易消化，对身体虚弱以及病后需要调养的人是极好的食物。鹰爪虾的通乳作用较强，并且富含磷、钙，对小儿、孕妇尤有补益功效。

四、烹饪与加工

芙蓉虾仁

（1）材料：鹰爪虾虾仁250克，蛋清4个，生粉、盐、料酒、胡椒粉、油、鸡精、黑胡椒适量。

（2）做法：①鹰爪虾虾仁剔除虾线，加入少量蛋清、生粉、盐、料酒、胡椒粉，抓至均匀，腌制片刻。②剩余蛋清中加入少量盐。水开后小火，看到水面震动减小后，将蛋清快速下入锅内，不要急于搅拌，待蛋清慢慢凝固，再慢慢翻动以免粘锅。蛋清全部凝固后，捞出备用。③锅内加入少许油，油热后先放入腌好的虾仁，两面煎至金黄，后加入蛋白翻炒。加入少量水，加快虾仁成熟，加盐、鸡精调味。④装盘后加入少量的黑胡椒提味。

芙蓉虾仁

虾 米

虾米的制作方法主要有两种，即水煮法和汽蒸法。水煮法是普遍采用的传统的加工方法，其具体加工步骤如下：

（1）原料处理：鹰爪虾用清水清洗干净并剔除杂质，用冰水浸泡20分钟，可以预防虾米脱皮。

（2）水煮：对浸泡后的鹰爪虾进行水煮。水与鹰爪虾重量比为4：1，再按水的重量加入5%～6%的盐，盐水烧开后将原料虾投入锅中，沸水状态下煮6分钟左右。煮虾的过程中要不断同向地对虾料进行搅动，并撇去浮沫。当虾壳发白时表明虾已熟透，可以立即捞出。

（3）干燥：虾米干燥的方法有晒干和烘干两种。煮熟的虾沥干水分后摊开晒干并适当进行翻动，加快干燥速度并保证干燥的均匀。烘干需要一定设备，虾料煮熟后均匀铺在烘竹帘上进行烘干，适宜的烘干温度为70～75℃，时长为2～3小时。

（4）脱壳：虾米脱壳的方法有两种，手工脱壳和采用脱壳机进行脱壳。

（5）包装：将脱壳后的虾米过筛，并根据虾米大小和外观质量分级包装。

五、食用注意

（1）患有过敏性疾病的人应慎食鹰爪虾。

（2）挑选鹰爪虾时应注意虾体颜色，如果虾缺乏光泽，虾黄色泽稍暗，呈暗灰色或青灰色，甲壳断节，头胸部和腹部的连接膜口处有不完全的破裂或者虾体肉质稍软即为不新鲜，不要购买。

刘邦与“红棉虾团”

传说此菜出自西汉初年，刘邦终于打败了西楚霸王项羽称霸天下。他在登基称帝时，想为皇后吕雉绣件红衫，还要用红色棉花线绣成，但四处寻找只有白棉，而无红棉。

于是，刘邦下了道圣旨，要求各地官员为他寻找红棉花，有谁能找到红棉花，便赏银万两。

一年过去了，有个整天到处跑的商人，路过江南某一处偏僻的“红花村”，看见一户人家的菜园里开满了红棉花。

他兴高采烈，走进这户人家，与院主人商议，用三百两银子买下这家的全部红棉花。

这户人家姓夏，是位书生。据说此人是秦始皇焚书坑儒时逃到此地的。每年他都要种上几十棵红棉树，留做纺线卖钱。

他又到这个村子的别处转悠了一阵，发现别的一些人家园子里也种有红棉花。于是，商人将所有的红棉花都买下，献给了刘邦。

刘邦喜出望外，视为珍宝，除了对进贡者给予重奖之外，还将种红棉的“红花村”赐封为“红锦村”，并令其永久种植红棉以供宫廷使用。

第二年，刘邦为吕后大办祝寿宴时，吕后突然想起那位为她提供红棉的夏书生，下旨相邀，并令御厨们要以红棉花的形状，烹制一盘菜肴，以示对夏书生的谢意。

御厨们用心琢磨，精心配料，制作了一道名叫“红棉虾团”的菜端上宴席，并解释说：

“虾”是“夏”的谐音，当时皇上四处寻觅，幸亏有了夏书生，所以这道菜取名为“红棉虾团”。

刘邦与吕后品尝之后，感觉味道极为鲜美，对这道菜的取名更是赞不绝口。

打那以后，“红棉虾团”就成为一道名菜流传下来了，并从皇宫走向平常百姓家。

罗氏沼虾

冥搜藻思殊精炼，细读蓬心稍豁开。
我窃高年惭绿竹，君持半偈试黄梅。
肯为唐季小家数，须做僧中大辨材。
吸尽鱼龙虾蟹子，不妨一蹴至如来。

——《黄宽夫示诗不已自和前二首答之》（南宋）刘克庄

一、物种本源

拉丁文名称，种属名

罗氏沼虾（*Macrobrachium rosenbergii*），属于节肢动物门、甲壳动物亚门、软甲纲、真软甲亚纲、十足目、长臂虾科、沼虾属。又名马来西亚大虾、淡水长臂大虾、金钱虾等，有“淡水虾王”之称。

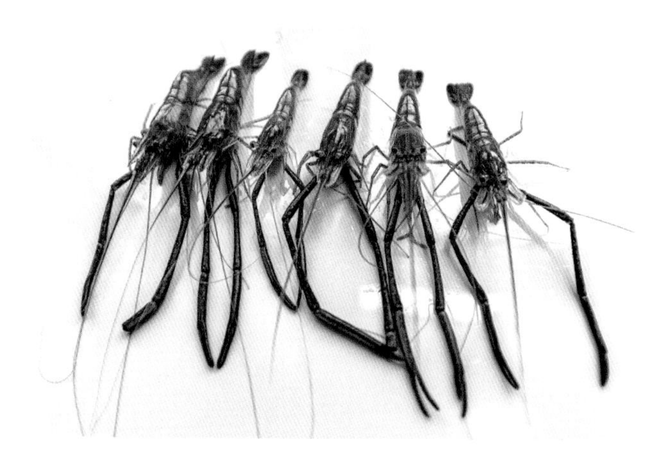

罗氏沼虾

形态特征

罗氏沼虾体形肥大，体色为青褐色。头胸部粗大，腹部起向尾部逐渐变细。其头胸部由头部和胸部组成，头部6节和胸部8节由头胸甲包裹。腹部有7节，每节腹部有1对附肢，每对附肢各不相同，由前往后分别为2对触角，3对颚，3对颚足，5对步足，5对游泳足，1对尾扇。成年雄虾的体形一般大于成年雌虾，最大的雄虾体长可达40厘米，重600克；雌虾体长可达25厘米，重200克。

习性，生长环境

罗氏沼虾原产于印度洋、太平洋地区的热带、亚热带的淡水或咸淡水水域中，在我国湖南、湖北、江苏、浙江、广东、广西等地均有养殖。其最适生长水温为24~30℃，最适生长盐度为10‰~12‰，当水温下降到16℃时，罗氏沼虾的行动会变得迟缓，直至死亡。

二、营养及成分

罗氏沼虾出肉率达51%，是一种高蛋白低脂肪的食品。在虾肉中测得9种人体必需氨基酸和8种非必需氨基酸，在这17种氨基酸中含量较高的有4种，分别为谷氨酸、精氨酸、天冬氨酸和亮氨酸。虾肉中测得的粗脂肪包括3种饱和脂肪酸、3种单不饱和脂肪酸和5种多不饱和脂肪酸。此外虾肉中矿物质例如镁、钙、磷、铁等的含量较鱼、肉类产品高，还含有多种维生素。每100克罗氏沼虾部分营养成分见下表所列。

蛋白质	17.42克
脂肪	1.01克
钾	683毫克
磷	293毫克
镁	131毫克
维生素A	102毫克
钙	78毫克
维生素E	11.30毫克
铁	7.80毫克

三、食材功能

性味 性温，味甘。

归经 归脾、胃经。

功能

（1）在《本草纲目》（鳞部第四十四卷　鳞之四）提到的新五方中，虾可治鳖症疼痛。景陈弟长子拱患鳖症，隐隐见皮里一物，痛不可忍。外医洪氏曰："可以鲜虾做羹食之。下腹未久痛即止。"喜曰："此真鳖症也。吾求其所好，以尝试之耳。""乃合一药，如疗脾胃者……明年复作，如前补治，遂绝根本。"

（2）罗氏沼虾蛋白质含量较高，营养价值高，能够为生长发育期的儿童和孕妇提供足量的优质蛋白质，且虾肉肉质松软、无骨刺，十分适合小孩和孕妇食用。

四、烹饪与加工

椒盐虾

（1）材料：罗氏沼虾500克，椒盐粉、辣椒粉、葱、蒜、姜、辣椒、油适量。

（2）做法：①罗氏沼虾洗净后剪去长须长腿和头上的刺，蒜、葱、姜、辣椒切好备用。②半锅油烧热后放入罗氏沼虾，中火炸3分钟后转大火炸2分钟，捞出备用。③锅中留少许油，加入蒜、姜和辣椒炒香，

椒盐虾

放入炸好的虾进行翻炒，加入椒盐粉和辣椒粉调味。④最后放葱花，出锅。

罗氏沼虾香辣冷冻调理即食产品

（1）原料处理：选取新鲜罗氏沼虾用含食盐、柠檬酸的水溶液浸泡后，清水洗去污垢。

（2）油炸调味：罗氏沼虾在棕榈油内炸制后迅速冷却，与预先处理好的调味汤料一起装入包装袋后封口。

（3）保存：将罗氏沼虾的包装袋抽真空处理后冷冻保存。

五、食用注意

对虾过敏及患有过敏性疾病如过敏性鼻炎、过敏性皮炎、过敏性哮喘者，应慎食。

齐白石与张大千

齐白石与张大千是两位杰出的中国画大师。两人相识于北平画坛，时间大致是20世纪30年代。不过，他们虽有交往，却交情不太深，齐白石还曾二“刺”张大千。

一日，齐白石在家作画，女佣送上一张名片。齐白石见过之后，说：“你只说我不在家。”当时，一旁的弟子见名片的主人是张大千，便插言：“此公是学大涤子石涛的名手，老师何不出去谈谈?”齐白石一边调色一边说：“这种造假人，我不喜欢!”就这样，张大千初访齐白石便吃闭门羹。

抗战胜利后的一天，同在北京的齐白石、张大千受徐悲鸿邀请一起吃饭。徐悲鸿的夫人廖静文亲自下厨，饭菜很可口，几人觥筹交错，言谈甚欢。饭后，齐白石乘兴挥毫，用墨画了三朵荷叶，又画了两朵荷花，送给廖静文，以示答谢。张大千应廖静文之请，在画上再添几只小虾，在水中嬉戏。张大千画得入神，手舞笔飞，全然不在乎虾子节数，不是多画了就是少画了。这时，齐白石暗暗拉了他的衣袖，悄声说道：“大千先生，不论大虾小虾，身子只有六节，可不能多画、少画!”张大千听了，既惭愧又感激，便在画上又画了水纹和水草，把节数不准的虾身一一遮掩了。张大千后来还结合自己与齐白石的艺术交往教育学生：艺术创作务必“了解物理，观察神态，体会物情”。

青虾

飘蓬一叶落天涯，潮溅青纱日未斜。
好事官人无勾当，呼童上岸买青虾。

——《即事》（南宋）文天祥

一、物种本源

拉丁文名称，种属名

青虾（*Macrobrachium nipponense*），属于节肢动物门、软甲纲、十足目、游泳虾亚目、长臂虾科、沼虾属。学名日本沼虾，俗称大头虾、河虾。

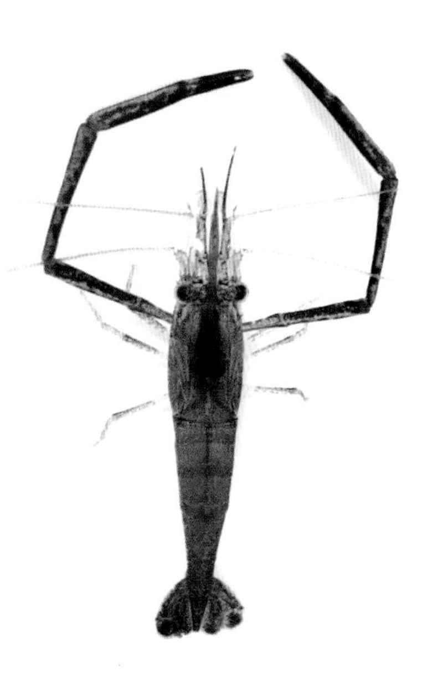

青　虾

形态特征

青虾体色呈青蓝色，间杂有棕绿色的斑纹，但具体体色会随着生活地区水质环境的不同而变化。若水质清澈透明，青虾体色就较为浅淡，若水质透明度差，则青虾的体色就会变深发暗，虾壳较为坚硬。青虾的身体由头部、胸部和腹部三部分组成，一共20节，分别为头部5节、胸部8节和腹部7节。头部与胸部组成头胸部且有头胸甲包裹，头胸部前端中央有一长度约为头胸甲长3/4的额剑，额剑缘上有12～15个齿，下缘有2～4个齿，头胸甲前下侧部每边各有两个刺。头胸部和腹部明显不同，头胸部粗大，从腹部开始逐步细小。成年的雄性青虾大于雌性青虾。

习性，生长环境

青虾分布于中国和日本。在我国，除西北高原和沙漠地带外，其他只要有水资源存在的地区就有青虾的存在，其中，江苏泗阳和浙江德清的青虾最为出名，这两个地方被称为中国的“青虾之乡”。青虾适宜生长水温为18～30℃，喜爱栖息于江河、湖泊、池塘、沟渠沿岸的浅水区或水草丛生的缓流中，昼伏夜出，常在水底、水草及其他物体上攀缘爬行。

二、营养及成分

青虾的出肉率为37.60%，且属高蛋白低脂肪食物。其中8种人体必需氨基酸总量为269.40毫克/克干重肌肉，每100克可食用部分中饱和脂肪酸0.60克、单不饱和脂肪酸0.90克、多不饱和脂肪酸0.20克；矿物质及微量元素十分丰富，还含有维生素A、维生素B、维生素E等多种维生素，因此青虾是一种具有较高营养价值的食材。每100克青虾部分营养成分见下表所列。

蛋白质	18.50克
脂肪	1.70克
钾	329毫克
钙	325毫克
磷	186毫克
钠	134毫克
镁	60毫克

三、食材功能

性味 性温，味甘。

归经 归肝、肾经。

功能 《本草纲目》中李时珍曰："江湖出者大而色白，溪池出者小而色青。皆磔须钺有硬鳞，多足而好跃，其肠属脑，其子在腹外。凡虾之大者，蒸曝去壳，谓之虾米，食以姜、醋，馔品所珍。主治五野鸡病，小儿赤白游肿，捣碎敷之。做羹，试鳖症，托痘疮，下乳汁；法制，壮阳道；煮汁，吐风痰；捣膏，敷虫疽。”

四、烹饪与加工

龙井虾仁

（1）材料：青虾虾仁300克，龙井茶、姜片、荷兰豆、油、料酒、生粉、盐适量。

（2）做法：①青虾虾仁加盐腌制1小时。②热油爆香姜片，然后夹出姜片，倒入荷兰豆并炒至变色，加入虾仁、料酒继续翻炒。③龙井茶倒入开水浸泡1分钟，锅中倒入龙井茶。④加入生粉水勾芡，出锅。

龙井虾仁

青虾高钙营养饼干

（1）材料：低筋面粉70克、青虾粉20克、鱼露5克、果葡糖浆20克、猪油12克、碳酸氢铵4克、小苏打0.5克、水30克、青葱油0.01克、香辣粉0.1克。

（2）做法：①材料按比例混合，搅拌均匀，揉成面团。②把面团揉成长条形，放进冰箱冷冻1小时后取出切片，切片后放在烤盘上。③烤箱预热后放入烤盘，上下火170℃烤15分钟。

五、食用注意

（1）挑选青虾时要分辨其是否新鲜。质量好的青虾色泽青灰，外壳清晰透明，头体连接紧密，上尾节伸曲性强，并且体表干燥洁净；质量差的青虾色泽青白度差，肉质稍松，尾节伸曲性稍差，头体连接不紧，容易脱离，闻之有腥味。

（2）煮制青虾时，可以在煮虾的清水里加入几滴白醋，煮熟的青虾不仅色泽亮丽，而且食用时虾壳与虾肉也易于分离。

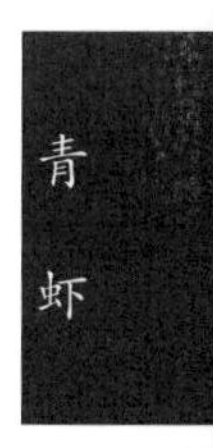

龙井虾仁

1972年，周恩来总理陪同美国总统尼克松到杭州西湖楼外楼用餐时，酒楼服务员奉上一盘“虾仁晶莹鲜嫩、茶芽翠绿清香”的菜肴。尼克松品尝后赞不绝口，这便是世上闻名的“龙井虾仁”。

龙井虾仁，顾名思义，是选用时鲜大河虾去壳取仁，配以西湖龙井茶的嫩芽烹制而成的美味佳肴，在杭帮菜中堪称一绝。

河虾（即青虾）被古人誉为“馔品所珍”，不仅晶莹玉白、鲜嫩味美，而且富含胶原蛋白、氨基酸、脂肪、维生素等多种营养成分，具有补肾壮阳、通乳抗毒、养血固精、化瘀解毒、益气滋阳、通络止痛、开胃化痰等功效。

清明节前采摘的西湖龙井新茶，芽叶碧绿，清香四溢，且含多种维生素，有软化血管、降低胆固醇等功能。

二者烹制的龙井虾仁，菜形清爽雅致，色如翡翠白玉，透出诱人清香，滋味鲜美独特，食后清口开胃，是一道富有杭州地方特色的传统名菜，同时也是一道药食两用的食疗佳品。相传，龙井虾仁的创制是受苏东坡《望江南·超然台作》一词的启发。此词写道：“休对故人思故国，且将新火试新茶，诗酒趁年华。”

旧时，有寒食节不举火的风俗，节后举火称新火。这个时候采摘的茶叶，正是“明前茶”，即清明节前采制的茶，此茶属龙井茶中最佳品。龙井茶叶素有“色绿、香郁、味甘、型美”四绝之称，厨师用此“四绝”与入时的玉白鲜嫩的虾仁相配，终于创制出雅丽鲜美的龙井虾仁。

还有传说，龙井虾仁这道菜与乾隆皇帝有关。一次乾隆下江南游览杭州，他身着便服游西湖。时值清明，他来到龙井茶乡时，忽遇大雨，只得就近在一位村姑家避雨。

村姑用新采的龙井及炭火烧制的山泉沏茶待客。乾隆饮到如此香馥味醇的好茶，喜出望外，便想要带一点回去品尝，可又不好开口，便趁村姑不注意，抓了一把，藏于便服内的龙袍里。

雨过天晴，他继续游山玩水，直到日落，口渴肠饥，在西湖边一家小酒肆点了几个菜，其中一道是炒虾仁。他忽然想起带来的龙井茶叶，想泡来解渴，便从袖管中取出一包茶叶，招呼店小二泡茶。

店小二接茶时，忽见乾隆的龙袍，吓了一跳，赶紧跑进厨房面告掌勺的店主。店主正在炒虾仁，一听圣上驾到，极为恐慌，忙中出错，竟将店小二拿进来的龙井茶叶，当作葱段撒在炒好的虾仁中。店小二又在错乱中，将“茶叶炒虾仁”端到乾隆面前。乾隆见此菜肴非同凡响，虾仁玉白，茶叶碧绿，清香扑鼻，肉质鲜嫩，赞不绝口。

这道菜肴经数代烹调高手不断总结完善，正式定名为“龙井虾仁”，从此名扬天下。

白虾

龟形虾脊不宜红，腿脚俱长力不庸。
色黑体肥毛白项，金丝金线绝伦虫。

——《论虾脊龟形》（南宋）
贾似道

一、物种本源

拉丁文名称，种属名

白虾（*Palaemon carinicauda*），十足目、长臂虾科、白虾属甲壳动物的统称，又名绒虾和晃虾。

白　虾

形态特征

白虾一般体长3～5厘米，甲壳薄而透明，微带蓝褐或红色点，死后体呈白色。额角发达，基部有一鸡冠状带齿的隆起，隆起的前方光滑无齿，末端常有附加齿。头胸甲具一触角刺和一鳃甲刺，在鳃甲刺上方有一明显的鳃甲沟。大颚触须3节。

习性，生长环境

白虾广泛分布于印度洋至西太平洋地区，中国沿海和湖泊中也均有分布。白虾的适宜生长温度为16～38℃，适宜生长盐度为6‰～30‰，为杂食性生物，摄食有机碎屑、藻类或浮游动物（如枝角类、桡足类、轮虫等）。白虾产卵量大，生长速度快，对环境适应性强，春季孵出的幼体到秋季可达到性成熟并形成产卵群体。白虾通常全年生长，冬季生长速度随水温下降而变缓慢，到翌年春天水温升高，生长速度再次加快。

二、营养及成分

白虾出肉率为47.32%，且蛋白质含量高脂肪含量低。在白虾肌肉当中，一共有17种氨基酸成分，总氨基酸含量为17.76%，鲜味氨基酸含量为总氨基酸含量的42.96%。白虾肌肉中脂肪含量虽然不高，但是含有21种脂肪酸，且多不饱和脂肪酸的含量为总脂肪酸含量的69.23%。每100克白虾部分营养成分见下表所列。

蛋白质	21.80克
脂肪	1克
钾	297毫克
钠	242毫克
钙	98.50毫克
维生素E	2.80毫克
维生素C	0.64毫克

三、食材功能

性味 性湿，味甘。

归经 归肝、肾经。

功能 保护心血管系统。白虾中二十碳五烯酸（EPA）和二十二碳六烯酸（DHA）含量较高，这两种不饱和脂肪酸对人体心血管系统有积极影响，是人体健康的有益营养成分。

四、烹饪与加工

炸白虾

（1）材料：白虾500克，生粉、面粉、食盐、白胡椒粉、料酒、油适量。

（2）做法：①白虾洗净备用。②生粉、面粉、食盐、白胡椒粉、料酒加水调成糊，将白虾放入糊中搅匀。③大火将油烧热，放入白虾炸成焦黄色捞出，控油后装盘。

盐水白虾

（1）材料：白虾250克，姜、葱、黄酒、食盐适量。

（2）做法：①白虾洗净，去除长须。②锅内放入白虾和清水开始煮，加入姜片去腥。等虾煮至变色出沫撇去浮沫，加入葱、黄酒再煮一会，加入盐调味，即可出锅。

盐水白虾

五、食用注意

对海鲜类食物过敏的人不适合食用白虾。

武则天与雪月桃花

说起“雪月桃花”的渊源，来头还真不小呢。

相传盛唐时期，太宗治理朝政，国泰民安，在历史上享有“贞观之治”的美誉。

太宗李世民去世之后，他的儿子李治继承了王位（高宗皇帝）。李治也想有一番作为，怎奈身体不佳，难以处理朝中大事。皇后武则天便乘虚而入，将朝中大权悉数揽了过去。

高宗看在眼里，急在心上，以致整日里饮食不思、精神恍惚。这一日午后，他要皇后将自己扶起来，硬撑着下了龙床，走到窗前，向外观望。

只见严寒刚过，含羞的桃花正争相开放，好一派明媚春色！高宗见此情景顿觉身上轻松了许多。也许是有了好心情，武则天陪着丈夫多消磨了大半天时光。亲热之中，不觉天色转暗，雪花轻轻地飘了起来。

高宗正想休息，却听皇后喊了一声：“看，刚才还是雪花飞舞，现在又是皓月当空了。”

高宗向外观望，也觉奇妙，兴致又上来了，平时一向不想吃东西的他，反倒觉得胃口大开，有了食欲。他想进食，真让皇后高兴，于是她马上令人传御厨，速献美食。

过了不久，御厨呈来了由十二只大虾烹制成的花卉造型菜肴。

高宗立即品尝了起来，边吃边称赞：“味道不错，味道不错！”等到快吃完时，他才想起问身边的皇后，“此菜何名？”

皇后笑而不答，只用手指着盘中剩下的三两只花卉造型菜着。高宗再仔细观望，动了动脑筋，自己也笑了起来：“你是想让我给它起个名字?”

皇后笑着说：“皇上有如此雅兴，自然肯赐它一个美妙的名称吧。”

高宗将脸转向窗外，略加思索后说：“外面此刻好一幅雪月桃花似的图画，那就赐它‘雪月桃花’吧。”于是“雪月桃花”的名称就这样流传下来了。

小龙虾

君家月旦擅新评，尚复常谈记老生。
可但龙虾元异族，不妨箕斗是虚名。
孤怀曩日谁能会，危语今年子不惊。
更欲为渠倾底里，晓风涩雨未全晴。

——《次龚良臣韵有感予尝言一事而验》（南宋）周孚

一、物种本源

拉丁文名称，种属名

小龙虾（*Procambarus clarkii*），属于节肢动物门、软甲纲、十足目、螯虾科、原螯虾属。又称克氏原螯虾、红螯虾、淡水小龙虾、红色沼泽螯虾等。

形态特征

成年小龙虾体形较大，呈圆筒状，体长5.6~11.9厘米，背部为暗红色，两侧是粉红色，带着橘黄色或白色的斑点，甲壳部分又硬又厚且为黑色，腹部背面有一楔形条纹，整个爪子为暗红色与黑色，有亮橘红色或微红色结节。

小龙虾

小龙虾头部有3对触须，触须由头部到尖端的变化是由粗大变为小而尖。其头顶尖长，头胸甲为侧扁状，前侧缘不与口前板愈合，侧缘也不与胸部腹甲和胸肢基部愈合，头胸甲有一额剑，额剑有侧棘或额剑端部有刻痕，头胸甲两侧有鳃且为丝状鳃。头胸甲和腹部之间有明显的颈沟，甲壳中部没有被网眼状空隙分隔而且具有明显颗粒。胸部有5对步足，步足都是单肢型，前3对步足末端呈钳状，其中第2对特别发达形成很大的螯，狭长、强大且坚厚，故又称螯虾，第4、第5对步足末端呈爪状。尾部为5片强大的尾扇。小龙虾在栖息和正常爬行时，6条触须均向前伸出，当其受到惊吓或受攻击时，两条长触须弯向尾部，防止尾部受攻击。雄虾与雌虾的区别在于雄性的螯比雌性的更为发达。

习性，生长环境

小龙虾主要分布于美国南部、墨西哥北部、日本和中国，在我国已遍及大江南北。小龙虾杂食性强，生存能力强，水温为10～30℃都能够生长。它们喜爱栖息于水体浅、水草茂盛的溪流、沼泽、沟渠和池塘当中，通常与植物或木质碎屑混交在一起，但会破坏和削弱堤岸。

二、营养及成分

小龙虾是一种高蛋白低脂肪的食物，且蛋白质中氨基酸的种类齐全，总量为15.26%，其中谷氨酸、精氨酸和赖氨酸的含量排名前三，必需氨基酸与非必需氨基酸的比值为83.20%；脂肪酸有16种，饱和脂肪酸含量占脂肪酸总量的40%，单不饱和脂肪酸含量占脂肪酸总量的30.2%；含有多种维生素，其中维生素B的含量较高。每100克小龙虾部分营养成分见下表所列。

蛋白质	17.70克
脂肪	0.10克
钾	310毫克
胆固醇	92毫克
钠	62.90毫克
磷	47.80毫克
镁	25.80毫克
铁	25.80毫克
钙	13毫克
维生素B_6	4.50毫克

三、食材功能

性味 性温，味甘。

归经 归肝、肾经。

功能

（1）治疗溃疡。新药冰硼膜利用小龙虾虾壳和蟹壳，加上传统中医名方冰硼散配合研制而成。冰硼膜具有保护创面、杀菌、消炎、生肌、促使黏膜修复的作用，用法是直接将其贴于口腔黏膜的溃疡面上，效果明显优于传统散剂冰硼散。

（2）治疗糖尿病、高血脂。小龙虾的甲壳里能够提取出甲壳素，甲壳素被欧美学术界认为是继蛋白质、脂肪、糖类、维生素、矿物质五大生命要素之后的“第六大生命要素”，在治疗糖尿病、高血脂病症方面有良好的功效，21世纪医疗保健品发展的热门方向之一。

（3）抗氧化。使用蛋白酶对小龙虾虾头蛋白进行水解获得具有抗氧化活性的功能肽。

四、烹饪与加工

红烧小龙虾

（1）材料：小龙虾1500克，葱、姜、蒜、小茴香、花椒、八角、豆豉、辣椒、熟白芝麻、油、料酒、盐、糖、鸡精、蚝油、鲍鱼汁、香油适量。

（2）做法：①葱切段、姜切片。②小龙虾清洗干净。③锅内放油煸香葱 、姜、蒜、辣椒、小茴香、花椒、八角、豆豉。④煸出香味后倒入小龙虾，加入料酒、盐、糖、鸡精、蚝油炒出香味后，加开水，大火烧开改小火烧20分钟入味。⑤放入鲍鱼汁后大火炖10分钟收汁。⑥出锅前撒入熟白芝麻，滴几滴香油。

红烧小龙虾

香酥虾球

（1）原料选择：挑选体长5～10厘米、体重小于25克/尾的小龙虾，剔除颜色发红、体软的虾。

（2）前处理：将原料虾先用清洗机清洗，随后反复刷洗虾尾腹部，清洗干净的小龙虾去虾线、去头后再进行漂洗和沥干，得到小龙虾虾尾。

（3）热烫与入味：将虾尾与香葱、生姜、食盐、料酒、麦芽糊精、自来水一起放入锅中加热煮沸3～7分钟。

（4）虾壳酥化：将熟虾尾进行慢冻，冻结温度为−10～−20℃，冻结时间为6～12小时。取出后不解冻直接进行真空油炸和脱油，真空油炸温度为95～110℃，油炸时间为30～40分钟。油炸结束后旋转脱油3～7分钟。

（5）调味：将半成品放入混合调味机中，加入调味料拌匀。

（6）包装：将调好味的香酥虾球，在温度为8～15℃，相对湿度为15%～30%条件下冷却，然后再装入真空包装袋中。

五、食用注意

（1）烹制。小龙虾洗净后需要用高温烹制，才能把细菌病原菌杀死。在煮制过程中加入陈醋、白酒等作料也有一定的杀菌作用，还可以去腥提鲜。

（2）食用。小龙虾一定要煮熟了吃，不可过量，最好一次吃完。

小龙虾是怎样成为入侵物种的

小龙虾学名克氏原螯虾，原产于北美洲，主要栖息地是墨西哥湾沿岸，特别是密西西比河口附近的区域，也就是现在的美国路易斯安那州。

小龙虾长得像龙虾，但动物学家认为它与真正的龙虾亲缘关系并不近。科学家们发现，它的祖先是生活在海水中的虾类。放弃了广阔的海洋而选择淡水生活，意味着小龙虾的身体需要做出很多改变。

它的外壳，也就是甲壳质的外骨骼比海洋里的种类更致密。它的尿液也发生了很大变化。

与海洋相比，淡水生活不太稳定，这使小龙虾成了生存专家。

哪怕是水体高度富营养化而缺氧，小龙虾也可以攀住水面上的漂浮物吸取空气中的氧。即便是水塘干涸了，只要空气湿润，小龙虾也可以熬上一个星期，等待雨的来临。

小龙虾的食物种类繁多，也许只有人类和老鼠能在这方面与之匹敌。小龙虾的生长速度也是十分惊人的，刚孵化时它只有大约5毫米长，到第三个月就能长到8厘米。

日本是小龙虾进入东亚的跳板。大正九年（1920年），有人在日本神奈川县镰仓市建立了食用蛙养殖场，养殖牛蛙。

昭和二年（1927年），有人从夏威夷带来了20只小龙虾，想将它们培育成牛蛙的饵料。而从此一发不可收拾，小龙虾占领了日本。到20世纪60年代，日本多地都发现了小龙虾的身影，甚至克氏原螯虾的日本亲戚——日本黑螯虾都快被它斩尽杀绝了。

现在一只活的日本黑螯虾在宠物市场上要卖到3000日元，而小龙虾的价格只有它的三十分之一。

不过，日本人并没有把这种生长迅速的动物当成美味。他们觉得小龙虾肉太柴。

由于缺乏详细的文献记录，我们只知道小龙虾最早登陆中国的地点是在南京附近，时间大约是1929年，很可能是被当作宠物或者饵料引入的。

目前，从海南岛到黑龙江，从崇明岛到新疆，都可以找到小龙虾。但是它的最主要栖息地仍然是华东地区。

在20世纪60年代之前，我们也没有把它当作食物来看待。之后，跟福寿螺、水葫芦一样，小龙虾被不慎重地大范围推广。

近几十年来，由于我国淡水水体污染的持续加重，导致了很多本地水生动物大量减少，而这也给耐性超强的小龙虾提供了广阔的生存空间，造成了“越是脏水，长得越好”的假象。

实际上重金属污染同样会对小龙虾造成损害，只是它比别的物种更能扛一些罢了。

中国毛虾

天寒水落鱼在泥，短钩画水如耕犁。
渚蒲拔折藻荇乱，此意岂复遗鳅鲵。
偶然信手皆虚击，本不辞劳几万一。
一鱼中刃百鱼惊，虾蟹奔忙误跳掷。
渔人养鱼如养雏，插竿冠笠惊鹈鹕。
岂知白挺闹如雨，搅水觅鱼嗟已疏。

——《画鱼歌》（北宋）苏轼

一、物种本源

拉丁文名称，种属名

中国毛虾（*Acetes chinensis*），属于节肢动物门、软甲纲、真软甲亚纲、十足目、枝鳃亚目、樱虾科、毛虾属。又名小白虾、水虾、红毛虾，干制品称虾皮。

形态特征

中国毛虾体形较小且侧扁，体长为1~4厘米，虾体颜色为无色透明，口器部分和第2触鞭为红色，虾壳极薄。其有长度为体长3倍的触鞭，此外还有3对呈微小钳状的步足，第4及第5对步足完全退化，外肢较长，内肢稍短于外肢，基部外侧有一列红色小点，数目为2~8个不等。雌雄虾尾肢的基肢腹面均有一红色圆点。

习性，生长环境

中国毛虾是我国特有的一个种类，在我国沿海地区均有分布，其中渤海沿岸的产量最高。产地主要有辽宁、山东、河北、江苏、浙江、福建等省份。中国毛虾是一种温、热带海洋小型虾类，适宜生长温度范围为11~25℃，适宜生长盐度范围为30‰~32‰，有着生长繁殖能力强、生命周期短、世代更新快、游泳能力弱等特点，在生态习性上属于浮游动物类群，通常依靠随潮流推移而游动于沿岸、河口和岛屿一带，具有昼夜垂直与季节水平移动的特性。

二、营养及成分

中国毛虾是一种营养价值极高的海洋低值虾类。其主要营养价值在于蛋白质含量高且氨基酸种类丰富。此外，中国毛虾还富含钾、钙、

镁、铁、磷、硒等多种对人体具有重要生理意义的常量及微量元素，维生素B_5及维生素E的含量也较高。每100克中国毛虾部分营养成分见下表所列。

蛋白质	14.80克
脂肪	1.24克
钠	345.80毫克
钾	330.50毫克
磷	266毫克
镁	106.60毫克
钙	56.94毫克
铁	8.48毫克
维生素B_5	4.30毫克
维生素E	1.20毫克

三、食材功能

性味 性温，味甘。

归经 归肝、肾经。

功能

（1）《本草纲目》中提到，中国毛虾的干制品——虾米可以补肾兴阳：用虾米一斤，蛤蚧二枚，茴香、蜀椒各四两，并以青盐化酒炙炒，以木香粗末一两和匀，趁热收新瓶中密封。每服一匙，空心盐酒嚼下，甚妙。

（2）降压作用。中国毛虾酶解多肽对肾性高血压有显著的降压作用。

四、烹饪与加工

香酥毛虾

（1）材料：中国毛虾500克，面粉、葱、姜、盐、十三香、油、孜然粉、辣椒粉适量。

（2）做法：①中国毛虾洗净后加入盐、十三香、葱、姜腌制10分钟，加入少许面粉搅拌均匀。②油锅烧热，下入调好味的毛虾，油炸至表面金黄后捞出。③装盘，撒上孜然粉或辣椒粉。

虾皮

（1）原料处理：中国毛虾洗净，去除杂质。

（2）煮虾：锅里加入含盐量4%的水，通常100克左右的盐水可以煮50~55克的毛虾，毛虾下锅后第一次沸腾即可捞出。

（3）晒干：煮熟的毛虾沥干水分后摊开晾晒。

（4）包装与贮藏：晒干的虾皮冷却后包装。包装前再去除杂质。

虾　皮

虾酱

（1）第一次发酵：清洗中国毛虾去除杂质，沥干水分后放入木桶或缸中加入食用盐腌制5~7天，当虾变为红色表明初步发酵成功。

（2）第二次发酵：去除木桶或缸中的卤水，将虾体捣碎成酱后日晒10天使虾酱再次发酵膨胀。

（3）第三次发酵：膨胀后要每天对虾酱进行两次搅拌使其充分均匀地发酵，第三次发酵过程需要用时一个月。三次发酵后虾酱制作完成，加工虾酱时滤出的虾卤水，还可加工成虾油。

五、食用注意

忌与葡萄、石榴、山楂、柿子等富含鞣酸的水果同吃。因为虾肉中蛋白质含量较高，鞣酸会降低蛋白质的营养价值。此外，鞣酸还会与虾肉中的矿物质元素钙发生反应形成鞣酸钙，危害胃肠道的健康，严重时还会引起人体不适，导致呕吐、头晕、恶心和腹痛腹泻等症状。

毛虾的由来

在很早以前，传说毛虾身重一两左右，全身长着红红的美丽的细毛。而且身子不是扁的，腰也并不是弯的，非常英俊、威武。

那么，后来它怎么变成小小的、弯弯的、身子扁扁的呢?

在渤海岸边的沾化流传着一个虾助鲤鱼跃龙门的故事，回答了这个问题。

那时，东海龙王下了一道命令：鲤鱼长至五斤以上，方可从江河湖海中跃过龙门，封官加爵。

有一条不足五斤的鲤鱼，由于升官心切，上蹿下跳，冒充大鱼跃过了龙门。

不料，东海龙王选官极为认真，亲自在龙门把守检查。他见这条鱼跳跃了过来，审看了片刻，便怀疑它不足五斤，于是一把将它抓住，放在秤上一称，才四斤九两。

龙王斥责它说："你官迷心窍，妄想蒙混过关，真是厚颜无耻！给我滚回去吧!"说罢，用力一甩，就把它扔回去了。

它正失魂落魄地往回游，迎面碰上一只毛虾。毛虾见它长吁短叹，无精打采，就问它为什么。鲤鱼把跃过龙门又被扔回来的遭遇说了一遍。

毛虾听罢，嘻嘻一笑，说："这有何难，小弟我身重不多不少正好一两。我现在藏进你的鳃里，等你跃过龙门升官之后，我再钻出来。不过，你发了财可别忘了我呀!"

"当然当然。受小弟滴水之恩，定以涌泉相报!"鲤鱼喜出望外，兴奋异常地说。

鲤鱼照计而行，鼓足气力，一举又跃过了龙门。

龙王一见，似曾相识，于是又把它抓住了。龙王没说什么，又拿它去称，这回却达到了五斤。

龙王觉得事情蹊跷，仔细一看，忽然发现鱼鳃上有几根红毛，捏住向外一拽，原来是一只毛虾。

龙王勃然大怒，骂道："好你个奴才，竟敢助鱼欺君！"说罢，挥起右手，"咔嚓"一掌，向虾腰劈去，从此，虾腰骨折，变成了弯腰。

龙王感觉还不解恨，又亲自抓住毛虾，拔掉他全身的红毛，拍扁他的身子，并且下了咒语：所有毛虾当年生当年死，身重不超一钱。

从此以后，毛虾的后代子孙就变成了现在的样子，只是名字没有改，还叫毛虾。

也就是从那时起，毛虾再也不敢到深海去了，总是成群结队地生活于沿岸浅海，浮游于水层中。毛虾身上的毛没有了，但是我们在捞毛虾时还会捞上很多红毛，据说那就是龙王在毛虾身上拔下的。

口虾蛄

驼背老公公，胡须毛烘烘。
热锅洗个澡，袍青变袍红。

——《虾蛄》灯谜

一、物种本源

拉丁文名称，种属名

口虾蛄（*Oratosquilla oratoria*），属于节肢动物门、甲壳动物亚门、软甲纲、掠虾亚纲、口足目、单盾亚目、虾蛄科、口虾蛄属。其中除全为化石种类的古虾蛄科外，现生种分7个总科，即深虾蛄总科、指虾蛄总科、虾蛄总科、琴虾蛄总科、红虾蛄总科、宽虾蛄总科和仿虾蛄总科，全为海生。中国不同地域的百姓对于口虾蛄的叫法不一，其别名有许多，如皮皮虾、虾爬子、爬虾、虾虎、皮带虾、虾婆、虾公、濑尿虾、撒尿虾、拉尿虾、虾狗弹、弹虾、富贵虾、琵琶虾、花不来虫、虾皮弹虫、蚕虾、虾不才、水蝎子，在蓬莱等地亦称“官帽虾”，因其尾部倒过来看像乌纱帽而得名。

形态特征

口虾蛄体形平扁，体色多为灰白偏紫色，躯体前部的甲壳甚薄，后部较厚。其头胸甲有一梯形额角板，位于中央且能够活动，额角板的前方还有眼节和触角节。胸部有8对附肢，前5对皆无外肢，但基部

口虾蛄

有圆片状上肢的颚足，后3对是细弱无螯的步足。口虾蛄的腹部宽大，共6节，其中前5节腹肢的功能是游泳和呼吸，第6节为尾节，又宽又短，尾肢与尾节构成尾扇，不仅用于游泳，还可以用来掘穴和御敌。

习性，生长环境

口虾蛄分布范围极广，俄罗斯的大彼得海湾、日本沿海、中国沿海、菲律宾、马来半岛、夏威夷群岛均有分布。口虾蛄适宜生长的温度为20～30℃，适宜生长的盐度为13‰～33‰，喜爱在浅海沙底或泥沙底穴居。

二、营养及成分

口虾蛄的可食用部分只有40%，因为口虾蛄的甲壳厚重，头胸部多为不可食用部分。口虾蛄虾肉中含有蛋白质和多种氨基酸，氨基酸种类包括8种必需氨基酸与2种非必需氨基酸。每100克口虾蛄部分营养成分见下表所列。

蛋白质	19.20克
脂肪	1.70克
钠	310毫克
磷	250毫克
钾	230毫克
钙	88毫克
镁	40毫克
维生素E	2.80毫克
铁	0.80毫克
维生素A	0.18毫克

三、食材功能

性味 性湿，味甘咸。

归经 归肾、脾经。

功能

（1）虾肉有补肾壮阳，通乳抗毒、养血固精、化瘀解毒、益气滋阳、通络止痛、开胃化痰等功效，适宜有肾虚阳痿、遗精早泄、乳汁不通、筋骨疼痛、手足抽搐、全身瘙痒、皮肤溃疡、身体虚弱和神经衰弱等病人食用。

（2）《随息居饮食谱》中记载：“海虾，盐渍暴干，乃不发病，开胃化痰，病人可食。”

四、烹饪与加工

香辣口虾蛄

（1）材料：口虾蛄500克，青椒、花椒、姜、葱、蒜、油、豆瓣酱、料酒、白糖、盐、辣椒酱、香油适量。

香辣口虾蛄

（2）做法：①口虾蛄洗净，姜蒜切片，葱切段待用。②油热放入花椒、豆瓣酱、葱、姜、蒜爆香，倒入口虾蛄，加料酒大火翻炒。③放入青椒，加适量白砂糖、盐、辣椒酱、香油翻炒后，加入少许水焖10分钟即可出锅。

口虾蛄罐头

（1）原料处理：口虾蛄放在清水中浸泡10～20分钟，捞出沥干。将沥干的口虾蛄切割成5～6厘米的小段。

（2）油炸：口虾蛄放入180℃的油中炸5～8分钟，口虾蛄数量约为锅内油量的1/12。油炸过程需要翻动，当口虾蛄呈黄色时捞出沥油。

（3）配制调味液：将葱、蒜瓣、枸杞子、桂圆肉洗净捶烂，装入纱布袋与花椒一起投入锅中。水煮沸后分别加入精盐、砂糖、胡椒粉、酱油，搅拌后保持微沸25分钟，再加入明胶粉化开，然后停止加热，过滤去渣。过滤后加入味精、辣椒油、醋精拌匀成调味液。

（4）调味：将油炸后的口虾蛄放入温度65℃调味液中浸泡30～60秒，捞出沥干。

（5）包装：将沥干的口虾蛄和调味液按5∶6克的比例装到罐头瓶中进行真空封罐。

（6）杀菌：将口虾蛄罐头放入高压锅内，将高压锅温度升至110℃杀菌60～70分钟。

（7）冷却：将杀菌后的口虾蛄罐头在20分钟内冷却至室温，并在常温下干燥储存。

五、食用注意

（1）宿疾者、正值上火之时不宜食用，过敏性鼻炎患者、支气管炎患者、反复发作性过敏性皮炎的老年人、皮肤疥癣患者禁食。

（2）在选购口虾蛄时，应选择颜色发亮、发青者为佳。

虾蛄的传说

相传，虾蛄的祖先在历史上建立过很大的功劳。

宋朝末年元兵大举南侵，宋端宗赵昰在大将陆秀夫的护卫下，逃至海陆丰的甲子港。

眼前是汹涌澎湃的大海，却无船可渡；身后是追杀而来的大队人马，无路可逃。

宋端宗仰天长叹：“天绝我也。何人能救驾，昰将皇位让之！”

话音刚落，大海立时风平浪静。只见海面上一只虾蛄王带领着数百小虾蛄游至岸边，朝着宋端宗便拜。一会儿它们变成数百条大小渔船，载着宋朝君臣将士安然过海。待元兵追到，他们已登上彼岸。

宋朝君臣谢拜欲去，虾蛄王突然开口道：“启奏万岁，还未赐封呢！”

宋端宗方想起许下之愿，便随手脱下头上皇冠抛入海中。

从此，虾蛄的头就像戴着皇帝帽子一样，非常好看。

龙虾

尻（抓）虾尻（抓）蛟蚤，
尻（抓）甲三升五米斗。
大尾掠来科（煮），细尾放伊走。
走到大门口，遇着一只胡须狗。

——《尻虾》闽南童谣

一、物种本源

拉丁文名称，种属名

龙虾（*Palinuridae*），节肢动物门、甲壳亚门、软甲纲、真软甲亚纲、十足目、腹胚亚目、龙虾科4个属19种龙虾的通称。又名大虾、龙头虾、虾魁、海虾等。

形态特征

龙虾的头胸部较粗大，外壳坚硬，色彩斑斓，腹部短小，体长一般为20～40厘米，体重一般为0.5千克左右，是虾类中最大的一类，最重的能达到5千克。龙虾体呈粗圆筒状，背腹稍平扁，头胸甲发达，坚厚多棘，前缘中央有一对强大的眼上棘，具封闭的鳃室。腹部较短而粗，后部向腹面卷曲，尾扇宽短。龙虾有坚硬、分节的外骨骼。胸部具五对足，其中一或多对常变形为螯，一侧的螯通常大于对侧者。有两对长触角。腹部有多对游泳足，尾呈鳍状，用以游，尾部和腹部的弯曲活动可推展身体前进。

龙　虾

习性，生长环境

龙虾原产地在中、南美洲和墨西哥东北部地区，现分布于世界各大洲，品种繁多，一般栖息于温暖海洋的近海海底或岸边。中国龙虾主要分布在广东沿海一带，产量较大。波纹龙虾的主要产区在南海近岸区。锦绣龙虾主要产于浙江舟山群岛一带。龙虾生长适宜水温为24～30℃，适宜pH值范围为5.8～9.0，适应能力很强，无论湖泊、河流、池塘、水渠、水田均能生存。龙虾有很强的趋水流性且喜集群生活。

| 二、营养及成分 |

龙虾的蛋白质含量较高，且含有多种维生素，如维生素E、维生素B_2等。每100克龙虾部分营养成分见下表所列。

蛋白质	18.90克
脂肪	1.10克
单不饱和脂肪酸	0.30克
多不饱和脂肪酸	0.20克
钾	257毫克
磷	221毫克
钠	190毫克
胆固醇	121毫克
镁	22毫克
钙	21毫克
锌	2.79毫克
铁	1.30毫克

三、食材功能

性味 性温湿，味甘咸。

归经 归肾、脾经。

功能

（1）《随息居饮食谱》中记载龙虾可以开胃、化痰。《医学指南十五篇》中谈到龙虾可治痰火后半身不遂，筋骨疼痛。

（2）龙虾肉含蛋白质、脂肪、糖原、灰分及维生素等，外骨骼和角皮含几丁质、钙等，因此龙虾含有人体需要的多种营养成分，能够促进生长发育，提高免疫能力，有利于健康恢复，有一定的保健和药用功效。

四、烹饪与加工

龙虾意面

（1）材料：龙虾650克，意大利面300克，洋葱碎、黄油、罗勒叶、蒜、番茄酱、盐、黑胡椒粉、芝士粉适量。

龙虾意面

（2）做法：①龙虾在沸水中加盐用大火煮15分钟，冷却后取虾肉，切大块。②油锅爆香洋葱、蒜末，放黄油、虾肉、盐、黑胡椒粉、罗勒叶、番茄酱，加水炒匀。③意面煮熟，将虾肉铺在意面上，摆上虾头，撒上芝士粉、罗勒叶即可。

五、食用注意

不应食用未熟透的虾，虾是肺吸虫的中间宿主，常被肺吸虫污染，故应烧熟透后食用。

龙虾与寄居蟹

有一天，龙虾与寄居蟹在深海中偶遇，寄居蟹看见龙虾脱掉坚硬的壳，裸露出娇嫩的身躯。

寄居蟹一脸不解地问：“龙虾，你怎么可以脱掉唯一保护自己身躯的硬壳呢？难道你不怕大鱼把你吃掉吗？你现在的情形，一旦急流将你冲到岩石上去，你不死才怪呢！”

龙虾慢条斯理地说：“你说得没错，但是，我们龙虾每次成长，都必须以脱掉旧壳为代价，才能生长出更坚硬的外壳。现在面临危险，是为将来发展得更好做准备。”

寄居蟹反思了一下，自己天天就知道寻找可以避居的地方，期望在别人的荫蔽之下生存，从来没有想过通过努力使自己成长得更强壮，难怪一辈子都没有什么大出息。

拥剑梭子蟹

两头尖尖露锋芒，十足横行不商量。
遇到天敌凭盔甲，离岸入海更猖狂。

——《梭子蟹》流传于山东沿海的童谣

一、物种本源

拉丁文名称，种属名

拥剑梭子蟹（*Portunus gladiator*），属于梭子蟹科、梭子蟹属。

拥剑梭子蟹

形态特征

拥剑梭子蟹的头、胸、甲呈现扁平状，表面被细密的软毛所覆盖，且壳盖上具有细小的颗粒。额头处有4个锐齿，中间2个较小且低矮，中间背部处可见上脊齿突出。眼睛较大，背眼窝处有两条细长的小缝，中叶处的外角向外明显突出，呈现出锐齿状。前侧边缘处有9个齿，其中靠后的末齿最大。第3颚足在长节的外部末角关节处向外侧后方突出，后侧边缘末端处有2刺，腕节内部与外角处各有1刺，掌节、腕节相连接处、背侧边缘的前端，都各有1刺；最末端游泳足长节的后端处有细小的锯齿分布在周围，最末端处的1～2枚小型碎齿呈现细而尖刺状。蟹通体颜色呈棕黄色，头、胸、甲的侧面边缘处、螯足的指关节处以及突刺都呈现出红颜色；头、胸部甲通常长40毫米，宽70毫米。

习性，生长环境

拥剑梭子蟹主要分布于日本、印度尼西亚、新西兰、澳大利亚、毛里求斯、马达加斯加和中国。在我国主要分布于福建、广东、广西等海域。拥剑梭子蟹生活环境为海水，常在水深几十米到百米不等的泥沙质海底中深居。

二、营养及成分

拥剑梭子蟹含有较为丰富的蛋白质与多种微量元素，对人体有一定的滋补作用。每100克拥剑梭子蟹部分营养成分如下表所示。

蛋白质	17.50克
脂肪	2.60克
碳水化合物	2.30克
维生素A	389毫克
胆固醇	267毫克
钠	193.50毫克
磷	182毫克
钾	181毫克
钙	126毫克
硒	56.72毫克
镁	23毫克
维生素E	6.09毫克
锌	3.68毫克

铁	2.90毫克
铜	2.97毫克
烟酸	1.70毫克
锰	0.42毫克
核黄素	0.28毫克
硫胺素	0.06毫克

三、食材功能

性味 性寒，味咸。

归经 归肝、胃经。

功能

（1）拥剑梭子蟹能养精益气，解漆毒；治疗产后腹痛血不下，可以同酒食。

（2）拥剑梭子蟹能治疟疾、黄疸之病；除此之外也可解药物及鳝鱼毒。

四、烹饪与加工

金牌梭子蟹

（1）材料：拥剑梭子蟹500克、洋葱、红椒、芹菜、蒜等，生粉、油、炼乳、花生酱、沙茶酱、咖喱、味精、香油、辣油适量。

（2）做法：①将拥剑梭子蟹洗净并切成小块，表面涂以生粉，即下锅中油炸至熟。②洋葱和红椒切成细丝，芹菜切段，锅中放油并依次加入洋葱、蒜片、红椒、芹菜煸炒。③煸炒后放入辣椒酱、炼乳、花生酱、沙茶酱、咖喱、味精，并加入高汤大火煮沸，最后放入蟹块，大火烧制5分钟左右勾芡。④淋上香油和辣油，盛出并装盘。

金牌梭子蟹

蟹块罐头

（1）预处理：将原料蟹先预处理筛选，对蟹进行清洗并切成一定大小的块状。

（2）加工：采用真空熟化加工方式，使鲜拥剑梭子蟹蒸煮温度降低，保持蟹肉嫩度，防止蟹肉青变；采用柠檬酸调节蟹肉的酸碱度，抑制罐头在杀菌过程中硫化氢的生成，防止蟹块罐头产生变蓝和肉质变硬的现象；对调配好的蟹肉进行装罐处理；采用常温常压杀菌，有效避免高温高压杀菌时产生肉质变硬的现象。

（3）成品：经上述环节处理后即为拥剑梭子蟹块罐头成品。

五、食用注意

（1）拥剑梭子蟹易动风，患有风症之人不能食。此外，蟹本身是食腐性动物，因此在蒸煮蟹时，不宜单独食用，应加入少许紫苏叶与生姜，以解蟹寒凉的毒性。此外，死蟹也不能食用。

（2）拥剑梭子蟹属（寒性）大寒之物，胃寒的人不能吃，以免引起腹痛、腹泻；孕妇不能食，易引起难产等症状。

吃螃蟹的故事

秋风起，蟹脚痒，每年这个时候，人们最为激动的就数吃螃蟹了。

苏东坡诗中有云，“但忧无蟹有监州”；曹雪芹也有类似诗称赞，“螯封嫩玉双双满，壳凸红脂块块香”；陆游也曾有诗云，“蟹黄旋擘馋涎堕，酒渌初倾老眼明”；据《晋书·毕卓传》记载：“得酒满数百斛船，四时甘味置两头，右手持酒杯，左手持蟹螯，拍浮酒船中，便足了一生。”

流传至今的诗韵，足见蟹这一美味让各时代的文人雅士生出多少雅趣。

蟹味上得餐桌，则百味都会淡然，九月之蟹开始团脐，十月（农历）时则方显腹部露尖。那这么好的蟹到底怎么吃才能不暴殄天物，让它发挥最大的价值呢？

刘若愚在《酌中志》中曾较为详细记载了明朝时期宫廷之中所设的螃蟹宴：

“（八月）始造新酒，蟹始肥。凡宫眷内臣吃蟹，活洗净蒸熟，五六成群，攒坐共食，嬉嬉笑笑。自揭脐盖，细细用指甲挑剔，蘸醋蒜以佐酒。或剔蟹胸骨，八路完整如蝴蝶式者，以示巧焉。食毕，饮苏叶汤，用苏叶等件洗手，为盛会也。”

宫廷之中的生活多半是孤寂且无聊的，而仔细品味那些嫔妃与宫女们吃螃蟹时的深情态度与举动，则仿佛可以看出她们那时的心态。这种看似有美味做伴的同时，也埋藏着不为人知的苦楚。

红星梭子蟹

莼鲈有玉西风急，橙蟹无金东海深。
只为酒醒愁夜来，二虫得失我何心。

——《尝语客莼鲈橙蟹的对或言今年斗门坚寒故蟹不》
（南宋）陈傅良

一、物种本源

拉丁文名称，种属名

红星梭子蟹（*Portunus sanguinolentus*），属于梭子蟹科、梭子蟹属。又名红星蟹、三点蟹、水蟹、门蟹、童蟹等。

形态特征

红星梭子蟹的头胸甲呈尖菱形，稍微向上隆起，表面前部有细小颗粒与白色云纹。蟹的两侧边缘位置各有9个锯齿，额头的侧面处有4个较小的细齿。螯足较为发达。雄蟹的腹部一般呈三角形，而雌蟹则呈圆形。红星梭子蟹常生活于海底砂石处，属于暖水性底层蟹类，身体颜色会随周围环境而略微发生变异，头、胸、甲部位呈现浅灰绿色，少部分或整个腹面呈现出白色。其背壳宽约150毫米，相对于同种类别的梭子蟹较小，最大体宽192毫米，最大体重455克。一般为杂食性，鱼虾、贝藻类均可食用，尤其喜食动物尸体。

红星梭子蟹

习性，生长环境

红星梭子蟹主要分布于日本、菲律宾、新西兰、澳大利亚和中国；在我国主要分布于福建、广东、广西、海南等南海海域。红星梭子蟹为近海广布性、暖水性的食用经济蟹类，生活环境为海水，多见于10~30米深的泥沙质海底。

二、营养及成分

红星梭子蟹中含有18种氨基酸，氨基酸总量为67.89%。每100克红星梭子蟹部分营养成分见下表所列。

蛋白质	13.51克
脂肪	0.31克
灰分	2.31克

三、食材功能

性味 性寒，味咸。

归经 归肝、胃经。

功能

（1）《本经逢原》中记载："蟹性专破血，故能续断绝筋骨。"

（2）《本草纲目》中记载：螃蟹具有舒筋益气、理胃消食、通经络、散诸热、散瘀血之功效。

（3）滋补与调养。红星梭子蟹中微量元素等成分较多，对人体有一定的滋补作用，进食一定量的红星梭子蟹对结核病恢复具有一定帮助。

爆炒梭子蟹

（1）材料：红星梭子蟹500克、面粉、葱、姜、油、盐、白糖、老抽、生抽、料酒等适量。

（2）做法：①将红星梭子蟹洗净，每只蟹切为两段；将刀口处用面粉裹住以免汁液流出。②热锅时倒入油，油烧至约五成热时，将红星梭子蟹放入锅中。③将蟹在锅中两面煎至略黄时，加盐、白糖、老抽、生抽、料酒、葱姜和少许水。④加盖并中火烧6~8分钟（根据蟹的大小而定），即可起锅装盘。

爆炒梭子蟹

酶解制备蟹蛋白粉

（1）预处理：选取新鲜红星梭子蟹肉，采用机械粉碎方式进行前处理；再采用辐照技术，对红星梭子蟹肉进行消毒灭菌。

（2）加工：将上述预处理后的红星梭子蟹肉汁等调节一定的酸碱度、温度，加入茶多酚水溶液，并持续搅拌半小时到一小时；再加入脂肪酶、溶菌酶和天冬氨酸蛋白酶等混合酶，持续反应一段时间；采用高温将酶灭活。

（3）成品：将混合液过滤浓缩，干燥得到酶解梭子蟹蛋白粉末。

五、食用注意

在煮制蟹时，应加入一些紫苏叶、鲜生姜等辅助原料，以缓解蟹毒并减轻其所带来的寒凉性。此外，螃蟹可以用来蒸食、煮食、炸制或制作小吃馅料。

郑板桥题蟹

郑板桥在任潍县知县时，有一天差役传报，说知府大人路过潍县，但郑板桥却没有出城迎接。

原来那知府是捐班出身。光是用来买官的钱，就不知花费多少，其实肚里没有一点真才实学，也无兴国安邦之道。因此郑板桥看不上这位所谓的知府大人。

知府大人来到县衙门的后堂，对于郑板桥不出城迎接，心中十分不快。

在接风酒宴上，知府越想越气，恰巧这时差役端上一盘螃蟹，知府便想："我何不让郑板桥以此蟹为题，即兴赋诗一首，如若作不出来诗，我再当众羞辱他，也好出出我心中的怨气！"于是，他用筷子一指螃蟹说："此物横行江河，目中无人。久闻郑大人才气过人，何不以此物为题，吟诗一首，以助酒兴？"

郑板桥已知其意，略一思忖，吟道："八爪横行四野惊，双螯舞动威风凌。孰知腹内空无物，蘸取姜醋伴酒吟。"

郑板桥用此诗来讽刺知府大人表面看起来威风八面，横行霸道，但实则是腹内空空如也，一无是处，大有金玉其外，败絮其中之意。

三疣梭子蟹

凤尾多鱼醢，烝雏并上盘。
闺人馂夕膳，稚子佐朝餐。
冬食宜鲜羽，春煎贵玉兰。
蟹黄随月满，下酒有馀欢。

——《蟹（其二）》
（清）屈大均

一、物种本源

拉丁文名称，种属名

三疣梭子蟹（*Portunus trituberculatus*），属于梭子蟹科、梭子蟹属。又名海螃蟹、白蟹、飞蟹等。

三疣梭子蟹

形态特征

三疣梭子蟹的头、胸、甲呈梭子形，且胃、心区的背面又有3个显著的疣突状印记，因而谓之三疣梭子蟹；第1步足为螯足，腹部退化呈缩小状，所以归为短尾部，我国一般俗称枪蟹，北方亦称蓝蟹，南方亦称白蟹。雄性的腹部呈长三角形，雌性成体的腹部呈近圆形，甲宽约为甲长的2倍，甲长65~95毫米，体重100~400克，是较大型的海产蟹类。

习性，生长环境

三疣梭子蟹主要分布于日本、朝鲜、菲律宾和中国；在我国主要分布于辽宁、山东、江苏、浙江、福建、广东、广西等地。三疣梭子蟹一般昼伏夜出，并具有较为明显的趋光性，因而多喜生活在沙质或泥沙质的海底，或躲避在岩礁缝中以躲避敌害。

二、营养及成分

三疣梭子蟹中含有17种脂肪，其中必需氨基酸（EAA）9种，非必需氨基酸（NEAA）8种。每100克三疣梭子蟹主要营养成分见下表所列。

蛋白质	81.69克
脂肪	5.13克
灰分	3.56克

三、食材功能

性味 性寒，味咸。

归经 归肝、胃经。

功能

（1）三疣梭子蟹是药、补两用的珍品。用之药可作滋补剂，也可用于身体虚弱等，具有润肺养阴、美容养颜等功效。

（2）三疣梭子蟹对妇女不孕、产后无乳等疾病也有疗效，经常食用能改善内分泌，增强新陈代谢，促进生长发育。

爆炒梭子蟹

（1）材料：三疣梭子蟹500克、葱、姜、盐、老抽、生抽、料酒等适量。

（2）做法：①将三疣梭子蟹冲洗干净。②热锅下入凉油，并烧至半热，将梭子蟹缓慢放入油锅中，微微煎至变色。③锅中加入精盐、老抽、生抽、料酒以及葱姜等。④小火慢慢煮8～10分钟即可捞出。

爆炒梭子蟹

冷冻三疣梭子蟹加工工艺

（1）预处理：三疣梭子蟹初加工后保存。

（2）加工：新鲜三疣梭子蟹→刷洗→分级挑选→捆扎→摆盘→冻结（一般冷冻数小时后，使梭子蟹中心温度降至−15℃以下）→脱盘→称重→采用0.35毫米的高压聚乙烯塑料袋进行包装→套袋时蟹腹向下并整齐装箱。

（3）成品：冷冻三疣梭子蟹，在库温−18℃下进行保存。

五、食用注意

（1）蟹的清洗：在装有蟹的容器中加入一定量的白酒用以去除腥味，轻轻用手捏住蟹的背部，用毛刷将蟹洗刷干净。

（2）挑选蟹时应注意，如果蟹体呈暗灰或青灰，蟹缺乏光泽，蟹壳不完整，蟹脚不完整即为不新鲜。

陶穀食蟹

北宋初年，有个叫陶穀（gǔ）的人，曾先后为后晋、北汉、后周和宋朝起草了规章制度。

宋太祖赵匡胤曾笑说他是“依样画葫芦”。而陶穀心里不服，一心想要建功立业，遂出使吴越国，想要说服吴越王钱俶（chù）归降宋朝。

陶穀到吴越国后，钱俶赶紧以礼相待，并问陶穀想吃什么。

陶穀说：“听说你们这儿有一种东西叫作螃蟹，但是我却没见过，那今天咱们就吃这个东西吧。”

钱俶赶紧叫人蒸螃蟹，且做了几个品种。因为宴席之上螃蟹是先大后小，陶穀就对钱俶说：“你们真是，一蟹不如一蟹。”

钱俶闻听此言后火气顿生，叫了厨子耳语多时。

没过多久，后厨端上一盆绿油油的汤。

陶穀问：“这是什么汤啊？”

钱俶道：“葫芦做的，名字叫依样画葫芦。”

陶穀听后被羞了个大红脸。

远海梭子蟹

击鲜海错金盘泻。绝称是、春寒夜。轻点吴酸魂已化。和酥为卤，带脂成酿，二月花前榨。生平斫鲙兼行炙。枉行遍、屠门蟹舍。风味似伊休论价。差宜下酒，雅堪斗茗，携向江南诧。

——《青玉案·咏油车螯》

（清）陈维崧

一、物种本源

拉丁文名称，种属名

远海梭子蟹（*Portunus pelagicus Linnean*），属于梭子蟹科、梭子蟹属。又名远洋梭子蟹、外海蟹。

形态特征

远海梭子蟹头胸甲都呈现出横向的卵圆形，一般中部较为宽大，两侧则极为尖细，形状如织布时用的梭子一般，因此而得名。前额有4齿，中间1对额齿较为短小且尖锐；前侧部边缘有9个尖齿，末齿最为大，并横向两侧突出；额头边缘处有4个刺，外侧部的2枚较大。螯足长节的前侧部边缘处有3齿，头胸甲和螯足的背面均有白斑、云纹，呈现浅蓝色；雄性甲宽为47~186毫米，体重为100~420克；雌性甲宽为44~187毫米，体重为120~440克。

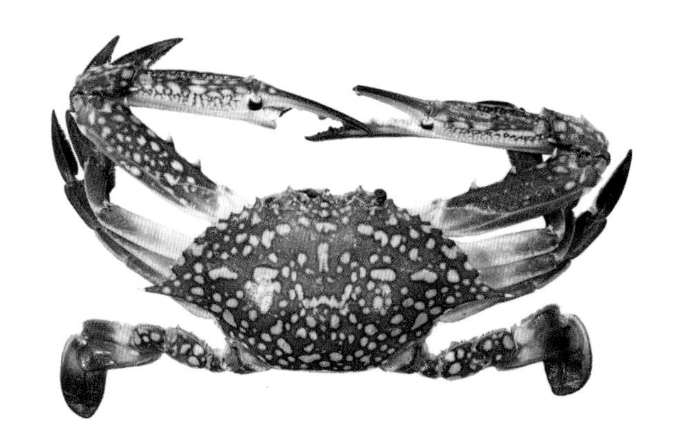

远海梭子蟹

习性，生长环境

远海梭子蟹主要分布于日本、菲律宾、澳大利亚和中国；在我国主要分布于浙江、福建、广东、广西、海南等地。远海梭子蟹广泛栖息于

近海岸和大陆架等区域，生活环境为海水，一般在10~30米的泥沙处最为密集。

二、营养及成分

每100克远海梭子蟹部分营养成分见下表所列。

蛋白质	15.90克
脂肪	3.10克
灰分	2.60克
碳水化合物	0.90克

三、食材功能

性味 性寒，味咸。

归经 归肝、胃经。

功能

（1）宋代有《寄雅上人》："一杯新酹邀谁饮，石首鱼鲜赤蟹肥"。可见梭子蟹的食用价值及其美味历传久矣。

（2）远海梭子蟹的谷氨酸含量最高，谷氨酸不仅是呈味剂的一种，也可以在人体当中与血氨相结合形成对人体无害的谷氨酰胺。

四、烹饪与加工

远海梭子蟹在冬季洄游季节时的个体最为健壮，体重普遍在250克左右，其最大的可达500克。远海梭子蟹大多时候用于鲜食，既可蒸煮、煎炒，又可与年糕、咸菜等一同炒制，也可对蟹进行腌制处理，诸如将新鲜的远海梭子蟹放入盐水中进行浸泡，隔数日之后便可直接食用，经过这种方式处理的蟹俗称“新风抢蟹”。远海梭子蟹肉较多，除鲜食外，还可精制成蟹段罐头、蟹肉干等。

泡菜梭子蟹

（1）材料：远海梭子蟹500克，泡菜、葱丝、盐、味精、料酒、油适量。

（2）做法：①远海梭子蟹洗净、泡菜切片。②蟹与泡菜一同放入盘中，加少许水、盐、味精和料酒。③蟹身盖上保鲜膜，微波炉中加热至全熟。④将蟹取出并撒上葱丝，淋上烧好的热油即可。

泡菜梭子蟹

远海梭子蟹下脚料综合加工

（1）预处理：以远海梭子蟹下脚料（冻蟹肉、背壳、蟹脚、内脏等副产物）为原料，其主要成分为蛋白质、脂肪和矿物质等。

（2）加工：采用溶剂法在一定温度及一定时间内，从远海梭子蟹下脚料中提取蟹油，粗蟹油经过脱胶、脱酸、脱色等工艺处理后，得到精炼蟹油；再采用碱性蛋白酶在适度的温度等条件下，经过数小时处理，从脱油远海梭子蟹下脚料中提取蛋白质，加工制成蛋白粉和调味汁；最后将余料进行超微粉碎制成微细粉。

（3）成品：远海梭子蟹蛋白粉和调味汁。

海鲜调味料

（1）预处理：选取优质的远海梭子蟹并加入适量的蛋白酶。

（2）加工：采用中性蛋白酶与风味蛋白酶在适度的温度等条件下对远海梭子蟹的下脚料等蛋白质进行适度水解，再辅以海鲜调味料，其中含有盐、糖、味精、姜粉、变性淀粉等。

（3）成品：美味的海鲜调味料。

五、食用注意

（1）死蟹不能烹饪食用。

（2）蟹是一种喜食腐烂性物质的生物，因此在死亡或不新鲜时，其肠胃中常有致病菌和有毒有害物质，且这些毒害物质极易大量繁殖；此外，蟹体内还含有较多的组氨酸，组氨酸则更加容易分解，通常可在脱羧酶的作用下产生组胺和类组胺，而组胺积累到一定量时，便会产生并发性食物中毒。

苏东坡以诗赋蟹

说到古代的名士和美食家，那自当推苏轼为魁首。

苏轼虽然一生官海沉浮、仕途蹭蹬，也曾多次被贬谪至全国各地，但他也借此机会尝遍了天下美食。

他不仅喜煮竹笋，还酷嗜猪肉，当然，苏轼不能错过鲜美腴厚的螃蟹，他常常提及自己“性嗜蟹蛤”。

苏东坡曾写有《老饕赋》，这其中就描述了自己最爱吃的几种美食：

尝项上之一脔，嚼霜前之两螯。烂樱珠之煎蜜，滃杏酪之蒸羔。蛤半熟以含酒，蟹微生而带糟。盖聚物之夭美，以养吾之老饕。

“项上之一脔”指的是猪脖子后面那一小块最嫩的肉。

“霜前之两螯”指的是秋后螃蟹成熟时那两只蟹螯。

“樱珠之煎蜜”指的是蜜饯樱桃。

“杏酪之蒸羔”指的是蒸羊羔。

“蛤半熟以含酒”是醉蛤蜊。

“蟹微生而带糟”自然是指醉蟹。

这段赋里提到了六道菜，而其中两道都跟螃蟹有关。

锯缘青蟹

芦梢向晓战秋风，浦口寒潮尚未通。
日出岸沙多细穴，白虾青蟹走无穷。

——《淮上（其一）》（北宋）
释道潜

一、物种本源

拉丁文名称，种属名

锯缘青蟹（*Scylla serrata-Forskal*），属于梭子蟹科/蝤蛑科、青蟹属。又名青蟹、黄甲蟹、蟳。青蟹属包含4个物种，分别为锯缘青蟹、拟穴青蟹、紫螯青蟹和榄绿青蟹。

锯缘青蟹

形态特征

锯缘青蟹的头胸甲略微呈椭圆形，表面则呈现出较为光滑的一面，中央部分则稍微向上隆起，背面胃区与心区之间有一个极为明显的"H"形凹痕；额头的部位有4个突出的三角形锯齿，较内眼窝处极显突出；最末对步足的前节与指节扁平呈桨状，适于游泳；雄性腹部一般呈宽三角形，第6节的末端边缘处有内凹，末指节末端边缘处呈钝圆形。锯缘青蟹甲长57毫米左右，甲宽85~200毫米；雄性蟹重143.03~299.89克，雌性蟹重58.02~246.10克，最重者有1.5~2千克。

习性，生长环境

锯缘青蟹主要分布于日本、越南、泰国、菲律宾、澳大利亚、新西兰和中国；在我国主要分布于浙江、福建、广东、广西等地。锯缘青蟹为滩栖游泳蟹类，生活在潮间带泥滩或泥沙质的滩涂上，喜停留在滩涂水洼之处及岩石缝等处。白天多穴居，夜间四处觅食。锯缘青蟹在15℃以下时，生长明显减慢；水温降至10℃左右时，停止摄食与活动，进入休眠与穴居状态；水温稳定在18℃以上时，雌蟹开始产卵，幼蟹频频脱壳长大；水温升至37℃以上时，不摄食；水温升至39℃时，背甲出现灰红斑点，身体逐渐衰老死亡。锯缘青蟹难以适应盐度的剧烈变动，盐度突变会引起“红芒”和“白芒”两种疾病，甚至导致死亡。锯缘青蟹耐干能力较强，离水后只要鳃腔里存有少量水分，鳃丝湿润，便可存活数天或数十天。

二、营养及成分

锯缘青蟹中氨基酸组成丰富，共有18种氨基酸，这其中包括7种人体所必需的氨基酸。每100克锯缘青蟹部分营养成分见下表所列。

蛋白质	15.57克
灰分	4.59克
脂肪	1.09克
胆固醇	108毫克

三、食材功能

性味 性寒，味咸。

归经 归肝、胃经。

功能 《经史证类备急本草》中记载，青蟹全部皆可入药，具有化瘀止痛、利水消肿、滋补强壮之功效。

四、烹饪与加工

青蟹炒饭

（1）材料：锯缘青蟹400克、米饭200克、生姜、香菜、橄榄油、醋、生抽适量。

（2）做法：①将锯缘青蟹清洗干净，掰开蟹盖，去除蟹肺与胃等不可食用部位。②热锅，倒入橄榄油，爆炒青蟹，放醋、生姜、生抽；放入米饭，翻炒，最后配以香菜。

青蟹炒饭

锯缘青蟹软颗粒饵料的制备

（1）预处理：将锯缘青蟹进行干制处理，并在干制后采用超微粉碎工艺，制备锯缘青蟹壳粉。

（2）加工：取锯缘青蟹壳粉、鱼粉、鱼油、产品价值较低的海鱼为主要原材料，再加入熟花生饼粉、熟豆粕粉、糯米饭、脱壳素、磷脂、贝汁浓缩液等辅料以及食品添加剂。利用混合海鲜类的浓缩汁提高青蟹人工配合饵料的营养成分。

（3）成品：饲养青蟹的颗粒型饵料。

五、食用注意

一般情况下要挑选蟹壳较硬的、青黑色、关节等较为完整的，并具有一定活力的蟹。仔细观察螃蟹的肚子部位，若肚子出现平坦状，且带有一些红色底蕴，则不新鲜；也可以用手捏螃蟹脚，螃蟹脚越硬越好，说明肉质紧实且较为饱满。蟹壳失去光泽，嘴中不吐泡沫的最好不要购买。

蟹背上的牛脚印

锯缘青蟹身体扁平，颜色青灰，其背上还有一只牛脚印。据说，这牛脚印是在很久以前，被老牛踩出来的。

相传在开天辟地时，水牛、螃蟹和癞蛤蟆都住在天上。一天，螃蟹正在银河里游玩，迎面遇到兴冲冲的癞蛤蟆。癞蛤蟆偷偷地告诉它发财的机会到了。由于银河决口，人间发生洪涝灾害，老百姓纷纷逃难，丢下了许多金银财宝，还不趁机到凡间捞一把。

螃蟹听罢便动了心。它觉得机不可失，便急忙与癞蛤蟆一起私自落入凡间，在人间横冲直撞，到处捡金银财宝，发足了横财。

而此时，正在天上抢修银河的水牛，则对它们的所作所为一无所知。

事后，水牛遇到螃蟹和癞蛤蟆，只见它们财大气粗的样子，昂首阔步，经过仔细询问才得知，是在凡间洪涝之中发了大财。

水牛顿时火冒三丈，追上去，一脚踏在螃蟹的背上，并大喝一声：

“你们还有良心吗？竟然趁此机会到人世间趁火打劫！”

癞蛤蟆全身一哆嗦，浑身上下冒出了鸡皮疙瘩。它知道水牛不好惹，便赶紧溜之大吉。

螃蟹被水牛踩住背壳无法脱身，只好苦苦哀求，又把癞蛤蟆如何怂恿，拉拢它私自到凡间发灾难财的情况，一五一十地说出来。

水牛明白，癞蛤蟆本就没有良心，便饶过了螃蟹。

可没想到，水牛这一脚，踩得着实厉害，不仅将螃蟹踩得身体扁平，无法直立，从此以后只好横行，而且在蟹壳上，也留下了一个深深的牛蹄脚印。

癞蛤蟆虽然逃脱得快，没有受到水牛的惩罚，但是吓出浑身的鸡皮疙瘩却永远也褪不掉了。

拟穴青蟹

膏蟹之夙世，殆是汉侏儒。年年上巳后，鼓胀毙海隅。
但得以饱死，臣朔所不如。谢山先生长清臞，力与臣朔足并驱。
近来更失太官粟，又复耻曳诸侯裾。抚兹蟹一笑，何恃济饥躯。
祇应学蜑户，酱汝为冬储。封以谢山云，日下酒一榼。

——《意林问予甬上膏蟹入暮春何以遽殒戏答》（清）
全祖望

一、物种本源

拉丁文名称，种属名

拟穴青蟹（*Scylla paramamosain*），属于梭子蟹科/蝤蛑科、青蟹属、拟穴青蟹种。又名膏蟹（雌蟹）、肉蟹（雄蟹）、红蟳、正蟳。

拟穴青蟹

形态特征

拟穴青蟹外部形态可分为头、胸、甲、腹部与附肢，颜色因环境不同而呈黄绿色或橄榄绿色；触摸甲壳表面有颗粒感，中央位置有明显的“H”形凹痕；雄蟹的蟹脐呈狭长三角形，雌蟹的蟹脐呈椭圆形。拟穴青蟹分布最广，数量最多，是青蟹中的优良品种，最大单体重可达2千克。

习性，生长环境

拟穴青蟹主要分布于西太平洋以及澳大利亚和中国；在我国主要分布于浙江、福建、广东、广西、海南等地。拟穴青蟹属于暖水性、广盐性的海产蟹类，这种蟹具有生长快、体型巨大、适应性强等特点。拟穴青蟹多以游泳爬行为主，喜欢掘洞，白天潜藏，晚间觅食，主要以小鱼虾、贝壳田螺等肉食为主。

二、营养及成分

拟穴青蟹含17种氨基酸（色氨酸未测），其中有人体所必需的7种氨基酸。每100克拟穴青蟹部分营养成分见下表所列。

蛋白质	15.98克
脂肪	0.65克
灰分	1.77克

三、食材功能

性味 性寒，味咸。

归经 归肝、胃经。

功能

（1）我国中医典籍中对青蟹也有较为详细的说明记载，其可以止痛化瘀、利水消肿，并具有一定的滋补强壮等功效，尤其对产妇有较为明显的滋补效果。

（2）拟穴青蟹中含有人体所必需的氨基酸，其中不饱和脂肪酸含量较三疣梭子蟹等同类水产品高，而所含有的有机钙质类物质极易被人体吸收。

四、烹饪与加工

红酒炖青蟹

（1）材料：拟穴青蟹300克、红酒250毫升、枸杞、冰糖等适量。

（2）做法：①将拟穴青蟹用刷子清洗干净放入容器中，用红酒腌制15分钟左右。②将拟穴青蟹放入炖锅，加入枸杞与少许红酒，再加入一

红酒炖青蟹

点开水，放入锅里炖20~30分钟。③在炖煮过程中添加冰糖（依据个人喜好调节酒与冰糖的添加量），炖煮之后即可出锅。

蟹味香精的制备

（1）预处理：选取优质的拟穴青蟹，并对其进行加热处理，再辅助添加适量的蟹味香基。

（2）加工：通常制备热反应蟹味膏以蟹味菇的酶解液为辅料，添加盐、糖、还原糖、味精等配料，再加入氨基酸、5′–呈味核苷酸二钠、酵母抽提物、玉米淀粉等食品类添加剂。采用此种制备方法对青蟹进行深加工应用，制备的蟹味香精风味浓厚，口感鲜美。

（3）成品：浓郁的蟹味香精。

五、食用注意

（1）宿疾者或患过某些病，正值上火之时不宜食用，过敏性鼻炎患者、支气管炎患者禁食。

（2）蟹为发物，皮肤疥癣患者，凡有疮痿宿疾者或在阴虚火旺时，不宜食用。阴虚体盛者，肝火旺盛者不宜食用。

一场螃蟹宴，照见众生相

说起“螃蟹宴”，一定要提《红楼梦》中“林潇湘魁夺菊花诗　薛蘅芜讽和螃蟹咏”的一回。李纨和凤姐伺候贾母、薛姨妈剥蟹肉，并吩咐丫鬟取菊花叶儿、桂花蕊儿熏的绿豆面子来，准备洗手。接下来，吃蟹的余兴节目开始。宝玉提议：“咱们作诗。”

于是大家一边吃喝，一边选题，最后又讽螃蟹咏。

其中薛宝钗的咏蟹一律云：

桂霭桐阴坐举觞，长安涎口盼重阳。
眼前道路无经纬，皮里春秋空黑黄。
酒未敌腥还用菊，性防积冷定须姜。
于今落釜成何益，月浦空余禾黍香。

这首小诗蕴含着极大的意义，被后世人认为是“食螃蟹的绝唱”，也是螃蟹咏里难得的好诗。而宝钗的“眼前道路无经纬，皮里春秋空黑黄”更是锋芒毕露，讽刺现实社会心怀叵测、背离正道之人。咏蟹诗各有千秋，嬉笑怒骂间，螃蟹被刻画得入木三分、惟妙惟肖。

贾府里的螃蟹宴在曹先生的笔下显得生动活泼，雍容华贵之时不乏透露着诗礼之家的书卷之气。

紫螯青蟹

黄橙紫蟹，映金壶潋滟，新醅浮绿。
共赏西楼今夜月，极目云无一粟。
挥麈高谈，倚栏长啸，下视鳞鳞屋。
轰然何处，瑞龙声喷蕲竹。
何况露白风清，银河澈汉，仿佛如悬瀑。
此景古今如有价，岂惜明珠千斛。
灏气盈襟，冷风入袖，只欲骑鸿鹄。
广寒宫殿，看人颜似冰玉。

——《念奴娇·黄橙紫蟹》

（南宋）陆淞

一、物种本源

拉丁文名称，种属名

紫螯青蟹（*Scylla tranquebarica*），属于梭子蟹科/蟳蝉科、青蟹属。又名特兰奎巴青蟹、紫泥青蟳、膏蟳、红膏母蟳。

紫螯青蟹

形态特征

相对于其他常见的青蟹类，紫螯青蟹体型更大、性更凶猛且无网状花纹，甲壳背面基本呈现光滑状，背甲则呈现出横椭圆形，甲宽可达40厘米；雄性的紫螯青蟹甲壳背面具有白色斑点，根据这种蟹与生俱来的紫色特征，遂将其中文名定为紫螯青蟹。

习性，生长环境

紫螯青蟹主要分布于日本、泰国、菲律宾、澳大利亚、新西兰和中国；在我国主要分布于浙江、福建、广东、广西等地。紫螯青蟹属于热带型、肉食性、广盐性的蟹类，在自然环境里，以软体动物如缢蛏、泥蚶、牡蛎、青蛤、花蛤、小虾蟹、藤壶等为主食，并兼食动物尸体和少量藻类，如江篱等，在饥饿时同类也互相残食。

二、营养及成分

紫螯青蟹中含有多种维生素以及微量元素。每100克紫螯青蟹部分营养成分见下表所列。

蛋白质	17.20克
脂肪	4.50克
灰分	2.10克
钙	205毫克
磷	285毫克
铁	3.70毫克
维生素B_1	0.04毫克
维生素B_2	0.09毫克
烟酸	4.60毫克

三、食材功能

性味 性寒，味咸。

归经 归肝、胃经。

功能

（1）紫螯青蟹在周边沿海处被视为滋补珍品。民间有说法，吃紫螯青蟹可有助于青少年发育、产妇坐月子等。

（2）腹部已抱卵的“摊花”雌蟹有治疗妇女疾病的功效。

四、烹饪与加工

醉青蟹

（1）材料：鲜紫螯青蟹1000克，肉清汤50克，葱丝、姜丝、干红辣椒丝、青辣椒丝、绍酒、姜汁、花生油、醋、精盐、白糖、淀粉、花椒油等适量。

（2）做法：①将紫鳌青蟹用温水清洗干净，揭下蟹盖，去除蟹腿与蟹肺等。②整蟹一劈两半，蟹盖与蟹黄留下，其余部分剁成正方形。③将蟹身和蟹盖在盘中一块块排成正方形，并淋上绍酒与姜汁各10克。④上蒸锅笼屉用旺火蒸制5分钟左右，出笼屉并重新摆盘。⑤锅中火烧热，放入花生油烧至六七成热，下入葱姜丝、红辣椒丝、青辣椒丝煸炒2~3分钟。⑥锅中放入绍酒、姜汁、醋、肉清汤，并加入精盐、白糖搅拌均匀，以湿淀粉略微勾芡，淋上少许花椒油，均匀地浇在紫鳌青蟹上即成。

蟹香调味料的制备

（1）预处理：采用现代食品加工技术，一般选用带肉的紫鳌青蟹下脚料进行熟制。

（2）加工：将熟制后的蟹冷却至室温后打碎，添加水，添加蛋白酶酶解，同时调节pH值和一定的温度，在反应后加热灭酶，过滤去残渣，制得青蟹滤液。

（3）成品：制备的紫鳌青蟹滤液中富有丰富的游离氨基酸，蛋白质及风味物质的回收率较高，产品具有较为浓郁的蟹香味，鲜味明显，咸香可口。

五、食用注意

（1）营养学认为，蟹性寒，故常用姜茸、紫苏等配置食蟹使用的调料。

（2）紫鳌青蟹含有高胆固醇、高嘌呤，痛风患者食用时应自我节制，患有感冒、肝炎、心血管疾病的人不宜食蟹或应尽可能少食。

万子（紫）谢（蟹）福（腐）高（糕）寿汤

传说清廷御膳房为“老佛爷”做紫蟹馔肴，御膳厨师担心老佛爷的指甲三寸长，用手剥吃紫蟹费事，怪罪下来担当不起。厨师动脑筋思考，去除蟹的肺部、食囊，把蟹躯剁烂、过淋，把沉淀出的浆放进滚开的汤锅里，做了紫蟹汤。

老佛爷尝过紫蟹的膏黄，已感惬意，又见一碗漂浮着颜色厚重的汤，刚犹豫，御膳太监立刻赔笑道：“老佛爷，御膳汤是用紫蟹的肉膏做成，叫‘万子（紫）谢（蟹）福（腐）高（糕）寿汤’，是万民谢老佛爷赐恩典之福，祝老佛爷福寿久长。”御膳太监舀起汤汁，老佛爷嵌唇，掩面吞饮下肚，品味，笑颜，赐言：“犒劳。”

“吃蟹达人”张岱

明末清初有个文学家叫张岱，也是一位“吃蟹达人”。

每到秋季，他都要“与友人兄弟辈立蟹会，期于午后至，煮蟹食之”。而且为了不减螃蟹最原始的味道，张岱吃的每只蟹都是清蒸煮熟的。

他曾说：“食品不加盐醋而五味全者，为蚶，为河蟹”。

张岱爱吃蟹，最爱“蟹宴”。他每年都要邀请亲朋好友来家中做客，共同分享螃蟹的绝世美味。

张岱说：“掀其盖，膏腻堆积，如玉脂珀屑，团结不散，甘腴虽八珍不及。人六只，恐腥冷，迭番煮之”，“紫螯巨如拳，小脚肉出，油油如螾温茶暖酒，三五良知闲谈对饮，一乐也”。由此可见其对蟹的钟爱。

日本蟳

药杯应阻蟹螯香，却乞江边采捕郎。
自是扬雄知郭索，且非何胤敢䬄餭。
骨清犹似含春霭，沫白还疑带海霜。
强作南朝风雅客，夜来偷醉早梅傍。

——《酬袭美见寄海蟹》（唐）陆龟蒙

一、物种本源

拉丁文名称，种属名

日本蟳（*Charybdis japonica*），属于梭子蟹科、梭子蟹亚科、蟳属。又名靠山红、石蟳仔、石齐角、岩蚌、海蟳等。北方俗称赤甲红、海红等，浙江等地俗称石奇角、石蟳仔等。日本蟳在日本也被称为赤甲红、花盖蟹。

日本蟳

形态特征

日本蟳的头胸甲呈横向卵圆形，宽为长的1.45倍左右；两螯略有细小不对称；雄性腹部呈三角形，而雌性呈圆形，腹肢逐步退化并藏于腹的内侧，蛰伏于头胸部的下方，无尾节及尾肢；通常体长45~65毫米，宽80~90毫米，体重50~200克。

习性，生长环境

日本蟳主要分布于日本、朝鲜、马来西亚和中国；在我国主要分布于山东、江苏、浙江等地。日本蟳属广温性、广盐性的沿岸定居性中大型甲壳类食用经济蟹，主要生活在沙石、泥底质等区域。

二、营养及成分

日本蟳中含有17种氨基酸，其中谷氨酸含量最高。每100克日本蟳主要营养成分见下表所列。

蛋白质	85.09克
脂肪	2.75克
灰质	9.50克

三、食材功能

性味 性寒，味咸。

归经 归肝、胃经。

功能

（1）《本草图经》中记载，日本蟳亦作“蝤蛑”。别名蝤蝶（陶弘景），拨棹子、蟳，《闽中海错疏》中称其为海蟳。药用部位为蝤蛑科（梭子蟹科）动物日本蟳或其近缘动物的肉。一般捕后洗干净，可以鲜用，或用开水烫死，晒干。

（2）日本蟳当中的二十碳五烯酸（EPA）和二十二碳六烯酸（DHA）抗菌消炎对人体免疫调节有积极作用。

四、烹饪与加工

蟹肉寿司

（1）材料：日本蟳500克、大米、火腿肠、紫菜、胡萝卜、黄瓜、鸡蛋、葱、盐、香油等适量。

（2）做法：①大米洗净入电饭锅煮成米饭，鸡蛋加少许盐打散。②胡萝卜、黄瓜、火腿肠切成四方形长条。③取出日本蟳蟹肉。④刷好香油的紫菜平铺上米饭，接着铺上鸡蛋饼，上面放上蟹肉、大葱、黄瓜、火腿肠、胡萝卜等卷起切块。

蟹肉寿司

蟹酱

（1）预处理：选取大小均匀的日本蟳3千克，刷洗干净，切块并腌制。

（2）加工：在处理后的蟹中加入姜片、葱段、红辣椒、料酒、生抽、盐等调味料并搅拌均匀，盖上罐盖；腌制过程中，每天暴晒6～8小时，并且翻滚两三次，经过2～3个月的发酵即可。

（3）成品：具有独特风味的日本蟳酱。

海鲜酱油汁

（1）预处理：对日本蟳进行前处理，并调配好相关调味料。

（2）加工：取处理好的日本蟳、虾皮、水、酱油、冰糖，以及蚝豉、香叶、小茴香、桂皮、去皮生姜等调味料；采用现代抽提加工工艺与传统发酵工艺，在制作过程中，再加入其他海鲜类食物等。

（3）成品：具有独特复合风味的海鲜酱油汁。

五、食用注意

（1）不吃死蟹，不吃没有煮熟的蟹。吃蟹时，用姜醋作调味料，既可帮助消化，也有助于杀菌；蒸蟹放一些紫苏叶，紫苏性味辛温，能解除鱼蟹毒；吃蟹配酒，可以借酒杀菌，解蟹的寒气；吃蟹后如感到肠胃不适，可用姜片煮水，趁热饮用，有暖胃功效。古医书记载："凡柿同蟹食，令人作泻。"

（2）忌与啤酒一同食用。在食用蟹的同时又同时饮用过量的啤酒会加速蟹在人体中的代谢产物——尿酸的形成，人体内尿酸过多时会引发诸如痛风、肾结石等疾病。

“蟹痴”毕卓

古人说，蟹之成名，始于东晋。《晋书》记载，在东晋时期，有个吏部郎名叫毕卓。他既是一位酒痴，更是一个蟹痴。此人经常因为喝酒而耽误了自己的工作。

毕卓这个人曾说过如此这般的豪言壮语：“得酒满数百斛船，四时甘味置两头。右手持酒杯，左手持蟹螯，拍浮酒船中，便足了一生矣。”以此而看，他是一位性情中人！

此人平生最大的愿望便是以舟载满美酒，泛于河上。右手持酒，左手拿蟹，尽情吃喝，便也是人生之中一种最高的追求。

在《晋书》中，这个典型的“蟹痴”和“酒痴”毕卓就有相关传记。也许史官也为毕卓这样的“酒痴”和“蟹痴”所吸引，认为他有可爱之处，所以给他写了传记。

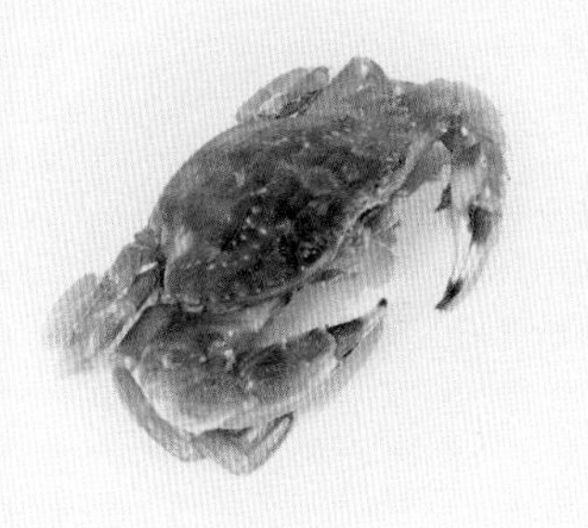

锈斑蟳

东望故山高，秋归值小舠。
怀中陆绩橘，江上伍员涛。
好去宁鸡口，加餐及蟹螯。
知君思无倦，为我续离骚。

——《送卢弘本浙东觐省》
（唐）张祜

一、物种本源

拉丁文名称，种属名

锈斑蟳（*Charybdis feriatus Linnaeus*），属于蝤蛑科/梭子蟹科、狼牙蟹亚科、蟳属、锈斑蟳种。又名斑纹蟳、花斑蟳、红蟹、十字蟹等。

锈斑蟳

形态特征

锈斑蟳的头胸甲部长约74.3毫米，宽约116.5毫米（包括侧刺），一般常见的在100毫米以上。头胸甲宽约为长的1.6倍，表面隆起、较光滑、额有棘刺、棘尖钝圆、背甲光滑无颗粒；头、胸、甲部的前半部正中具一浅紫褐色、红棕色，带有黄色的十字斑纹；螯足紫色，带有黄斑，两指尖端泛红并带淡紫色。

习性，生长环境

锈斑蟳主要分布于日本、泰国、澳大利亚、非洲沿海和中国；在我国主要分布于浙江、福建、广东、广西、海南等地。锈斑蟳主要栖息于水深10~70米的砂泥岩礁地、岩礁海岸或珊瑚礁盘。

二、营养及成分

锈斑蟳中共有包括牛磺酸在内共有18种氨基酸，其中含有8种成人必需氨基酸（EAA）、2种半必需氨基酸（SEAA）以及8种非必需氨基酸（NEAA）。每100克锈斑蟳部分营养成分见下表所列。

蛋白质	9.92克
脂肪	1.86克
糖类	5.44克
铁	6.72毫克
磷	0.22毫克

三、食材功能

性味 性寒，味咸。

归经 归肝、胃经。

功能

（1）《经史证类备急本草》认为，蟹具有通经络、养筋活血、补骨添髓的功效；尤其适合跌打损伤、骨折瘀肿之人食用。

（2）锈斑蟳肉味鲜美、营养丰富，含有大量蛋白质、脂肪、磷脂、较多的钙、磷、铁、维生素等物质，对身体有很好的滋补作用，有助于促进人体组织细胞的修复与合成，提高免疫功能。

四、烹饪与加工

冬瓜锈斑蟳

（1）材料：锈斑蟳300克、冬瓜500克、葱、姜、盐、油等适量。

（2）做法：①冬瓜去皮去籽切块，锈斑蟳洗净、切块。②锅中加水3碗，先下冬瓜和姜片煮开，再下锈斑蟳，滚开后转中火煲约半小时。③加盐、几滴油调味，撒上葱花即可。

锈斑蟳蟹壳红色素的提取

（1）预处理：通过现代食品工艺，对鲜锈斑蟳的蟹壳经高温蒸制数分钟，从而分离蟹壳和蟹肉并进一步清洗蟹壳内部残渣。

（2）加工：将上述经过预处理清理后的鲜锈斑蟳通过液氮超低温进行冷冻，经低温粉碎过筛得到锈斑蟳壳粉。

（3）成品：具有较高红色素提取率和纯度的锈斑蟳蟹壳红色素。

木瓜蛋白酶水解蟹肉

（1）预处理：对蟹进行筛选，之后运用现代食品技术（酶解技术），采用木瓜蛋白酶对锈斑蟳蟹肉进行水解。

（2）加工：通过预处理得到蟹肉的水解液，水解液中含有多种游离氨基酸，且酶水解后的水解液有较为浓郁的蟹香风味，与蟹的天然风味接近。

（3）成品：具有浓郁蟹香风味的锈斑蟳蟹肉。

五、食用注意

（1）吃蟹最理想的佐料是醋、葱与姜等调味料，在蒸煮时放一些紫苏、黄酒以及少量的食盐，可以起到辛温解表，增加鲜味并起到杀菌助消化的作用。

（2）吃完蟹后用一盅柠檬水与温热的毛巾洗去手上残留的蟹腥味。

（3）餐后喝一杯姜茶，既可驱蟹之湿热，也有助于消化。

施今墨给蟹“评级封官”

民国初期，有位名医施今墨，悬壶济世，曾名动京城。虽然常年久居北方，但一直对南方的蟹念念不忘，每遇秋季，便借着行医之名到苏州一带饕餮一番，还煞有介事地给各种蟹“评级封官”。

在他认为，湖蟹为一等、江蟹为二等、河蟹为三等、溪蟹为四等、沟蟹为五等，而最末等的便是海蟹了。

螃蟹种类多达600余种，吃螃蟹的历史更为久远。蟹是公认的食中珍味。俗有“一盘蟹，顶桌菜”的民谚。

蟹不但味奇美，而且营养丰富，是一种高蛋白质的补品，对滋补身体大有裨益。

蟛蜞

秋水江南紫蟹生，寄来千里佐吴羹。
楚人欲使衷留甲，齐客何妨死愿烹。
下筯未休资快嚼，持螯有味散朝酲。
定知不作蟛蜞误，曾厕西都博士名。

——《吴中友人惠蟹》（北宋）
宋祁

一、物种本源

拉丁文名称，种属名

蟛蜞（*Sesarma dehaani* H. Milne-Edwards.），属方蟹科的淡水产小型蟹类。又名螃蜞、磨蜞，学名相手蟹。

蟛　蜞

形态特征

蟛蜞，小螃蟹也，大者不过拇指般大小，通体有坚硬的甲壳，头胸甲部呈四方形，额头较为宽大；雌雄的形状略有不同，雄性体呈宽三角形，雌性体的腹部呈圆形，雄性螯足较大，雌性螯足较小，一般长约39毫米，宽44毫米左右。

习性，生长环境

蟛蜞主要分布于中国的辽宁、江苏、浙江、福建、广东等地。蟛蜞多栖息于江河堤岸与沟渠等处的洞穴之中，尤善于攀爬各种树木，常用螯足夹断稻叶以吸取液汁；行走速度极快，钻洞能力很强，多见于河边泥土之中，穴居于河岸田埂之上。

二、营养及成分

蟛蜞中含有维生素A、B、E，以及多种微量的硫胺素和钾、钙、镁、铁、锰、锌、铜、硒等常量元素和微量元素。每100克蟛蜞部分营养成分见下表所列。

蛋白质	14.60克
脂肪	1.60克
灰分	2.30克
碳水化合物	1.70克

三、食材功能

性味 性寒，味咸。

归经 归脾经。

功能

（1）《本草拾遗》中记载，其有小毒，主湿癣、疽疮不瘥者，用其涂之。

（2）《外科理例新释》中记载，蟛蜞蟹主要功效是清热解毒，除湿止痒。

四、烹饪与加工

蟛蜞似螃蟹而小。民间一直有用蟛蜞烹制美食，有些食法还被记入地方志书中。例如《江阴县志》记载当地人专取蟛蜞两螯煮食美其名曰：鹦鹉嘴。

礼云子是蟛蜞的雅称。礼云子作馅料制成点心小吃，显得珍贵精美，品位高雅。“礼云子捞（拌）面”是简易味美的方便小吃。“礼云子粉果”和“礼云子烧卖”皮薄馅细，晶莹通透，鲜美无伦，是前广州泮溪酒家“点心状元”罗坤师傅的拿手美点。据《兰斋旧事与南海》一书记述，民国期间，“羊城食圣”太史江孔殷吃礼云子，尤爱吃“礼云子粉果”。他家每年都举行一次吃“礼云子薄饼”聚会。薄饼皮为福建式，馅料由家里大厨切备，逐样炒好。把薄饼皮摊平，中央放一撮礼云子，再盖上鸡丝猪肉丝、冬菇丝、竹笋丝、鲜虾肉、蟹肉、蛋皮丝、韭黄、芫荽等，包成扁平信封形，慢煎至两面呈微黄，皮脆。馅中的礼云子橙中带红，若隐若现衬托着其他色彩缤纷的馅料，卖相极佳。如怕煎饼上火，也可趁馅料尚暖，用绿豆芽取代笋丝，包了免煎现吃，吃来爽口清淡，更彰显礼云子的真味。几十年后，江太史的孙女江献珠女士回忆起当年品尝“礼云子薄饼”的情景和韵味时，仍然依恋不已。有“万能泰斗”之誉的粤剧名伶薛觉先也是礼云子的“忠实拥趸”。

醉蟛蜞

蟛蜞酥（酱）

（1）材料：蟛蜞、红酒糟、高粱酒、糖、食盐适量。

（2）做法：把蟛蜞蟹洗净剁碎；或放入石磨中磨，直至磨成酱汁；加食盐、砂糖、红酒糟、高粱酒等调料。腌制数日即成蟛蜞酥。

五、食用注意

有皮肤过敏史的人不宜多吃。

识字掠无蟛蜞

“识字掠无蟛蜞”是在潮汕地区流行较为广泛的一句俗语，意思是指循规蹈矩、照书行事者，反而会因此做不好事情。

潮州人将这种蟛蜞用盐腌制，其味道别具一格。捉蟛蜞卖钱也就逐渐成为海边人的一项收入。

相传清朝入关以后，郑成功仍在粤东地区坚持反清复明的斗争。

康熙元年，清兵大举进犯潮州，共同商定对付郑成功的办法，最后强迫沿海居民转向内地，以此断绝郑成功的退路。

清兵到处贴告示，禁止居民下海，如有违反者以通敌罪论处，可百姓为了谋生，有时也偷偷下海寻找食物。

传说澄海县有位姓蔡的秀才，与同村好友几人约定一起去海边捉蟛蜞。等到了寨门外，蔡秀才见有一告示张贴墙上，便停下来慢慢研究其中的内容。

同村好友几人皆不识字，就径直走到有蟛蜞的海滩，一时间倒是捉了不少蟛蜞。

而蔡秀才见了告示所写内容，深知事态的严重性，边走边想却又不知如何是好。等到他走到海滩时，潮水早已开始大涨，同村好友几人都捉了好多蟛蜞，唯独蔡秀才一无所获。

蔡秀才空有满腹经纶，却只能饿着肚子一只蟛蜞也捉不到。

后来人们便用“识字掠无蟛蜞”这句俗话来表明：过分地考虑得与失，或过分考虑可能出现的不良后果，无疑会浪费许多时光和失去大好的时机。

河蟹

赤色却如河蟹色，麻头秀项极难得。
枣红牙齿尽相宜，只恐项光头又黑。

——《论河蟹色》（南宋）
贾似道

一、物种本源

拉丁文名称，种属名

河蟹（*Eriocheirsinensis* H. Milne-Edwards），属于方蟹科、绒螯蟹属。又名螃蟹、毛蟹。

河　蟹

形态特征

河蟹是一种大型的甲壳动物，身体分21节，由于头部和胸部各节相互愈合，因此全身分为头胸部和腹部两部分。成蟹背面墨色，头胸甲平均长70毫米，宽75毫米。螯为蟹之钳，爪即步足，脐为蟹之腹，匡即“蟹斗”，也即头胸甲；而沫是河蟹行鳃呼吸离水后形成的泡沫，古人以“口吐珠现”来形容河蟹泡沫之多。

习性，生长环境

河蟹主要分布于中国东南部沿海的咸水或淡水水域中。河蟹喜欢栖居在江河、湖泊的泥岸或滩涂的洞穴里，或隐匿在石砾和水草丛里，掘穴为其本能，也是河蟹防御敌害的一种适应方式。河蟹掘穴一般选择在土质坚硬的陡岸，岸边坡度在1∶0.2或1∶0.3，很少在1∶1.5~1∶2.5以下的缓坡造穴，更不在平地上掘穴。

二、营养及成分

河蟹中所含矿质元素营养丰富，符合人体钙磷营养最佳比例1~2：1，是人体良好的钙磷营养来源。可食部分为肌肉、肝脏和性腺，其主要呈味成分是游离氨基酸、核苷酸及其关联产物、甜菜碱、有机酸、无机离子、氧化三甲胺。河蟹各可食部分中的游离氨基酸主要有19种，对河蟹的呈味起着至关重要的作用。每100克河蟹部分营养成分见下表所列。

蛋白质	17.50克
脂肪	2.60克
碳水化合物	2.30克
钙	650~2790毫克
维生素A	389毫克
磷	220~360毫克
钾	181毫克
维生素E	6.09毫克

三、食材功能

性味 性寒，味咸。

归经 归肝、胃经。

功能

（1）据李时珍《本草纲目》记载，蟹之气味咸、寒、有小毒，具有舒筋益气、理胃消食、通经络、散诸热、散瘀血之功效，可杀莨菪毒，解鳝鱼毒、漆毒，治疟及黄疸，捣成膏兴疥疮、癣疮，捣出汁滴耳聋。

（2）利于生长发育。河蟹蛋白质含量较大、脂肪和碳水化合物较少，可有效补充人体所需生长元素，并维持体内血钙、血磷的平衡，经常食用能够促进人体发育，提高机体免疫力。

四、烹饪与加工

自古以来便有对河蟹食用的记载，每当菊花盛开之际，便是河蟹上市之时。此时的河蟹大而老健，长得卵满膏腻。明朝张岱在《陶庵梦忆》中赞美河蟹："河蟹十月与稻谷具肥，壳如盘大，中坟起，而紫螯巨如拳，小脚肉出，油油如坟蟹，掀起壳膏腻堆积，如玉脂拍屑，团结不散，甘腴虽八珍不及。"这番描述虽不免有些夸张，但河蟹的滋味却也是受人赞赏的。诗人曾有"持螯赏月"佳话。宋朝黄庭坚在诗尾写道："也知级棘原无罪，奈此樽前风味何?"《红楼梦》中却有"林潇湘魁夺菊花诗，薛蘅芜讽和螃蟹咏"之句。烹饪前，需将河蟹放在清水中浸泡数小时，让其将沙子吐完再洗净，去掉河蟹的污垢。

香辣炒蟹

（1）材料：河蟹500克，干辣椒、土豆片、葱、姜、蒜、洋葱、食用油等适量。

香辣炒蟹

（2）做法：①预先煮水，待水沸腾后将土豆片煮至七成熟捞起沥干水备用。②炒锅中放入食用油，再将干辣椒、葱姜蒜、洋葱倒入锅中煸炒至香气散发，放入切半的河蟹，随即倒入料酒、耗油以及适量清水，起大火煸炒，煮开后5分钟便可以起锅。

蟹味调味料

（1）预处理：将河蟹的肉与壳进行分离，再将肉进行酶解处理。

（2）加工：以复合蛋白酶酶解蟹背壳黑膜、蟹小脚中的残肉，实现壳和残肉的完全分离，结合复合蛋白酶改善酶解液的风味，水解液过滤后经美拉德反应和喷雾干燥。

（3）成品：调配制成独特的、鲜香风味浓郁的蟹香调味粉，实现蟹加工下脚料中残肉的高值化综合利用。

蟹肉中游离氨基酸的提取

（1）预处理：河蟹肉进行清洗，去杂。

（2）加工：以河蟹肉为原料，辅助以现代食品超声技术，在调整相应的超声功率、温度、料液比以及提取次数后，可得到蟹肉的游离氨基酸。

（3）成品：河蟹肉游离氨基酸。

五、食用注意

（1）勿食用河蟹“四部件”，即蟹腮、蟹肠、蟹心、蟹胃。蟹腮呈柔软的灰白色条状，是直接与外界接触的呼吸器官，易积攒污物和重金属物质；蟹的肠胃为消化器官，内含蟹日常的食物和代谢物，并积攒排泄物；蟹心则是蟹最寒性的部位，食用后容易引起免疫反应。

（2）体质偏弱、脾胃功能较差、胃酸分泌不足者，不宜食用河蟹，他们易被河蟹体内携带的致病菌攻击，或难以消化河蟹所含的大量蛋白质，而出现不适症状。

蟹壳上的马蹄印

相传，当年唐王李世民御驾东征。当车马行至海边的三岔河口时，正值秋雨季节。只见河宽水深，浊浪滔天，无桥无渡，百万大军只能站在岸边，望河兴叹。

唐王心急如焚，命先锋薛仁贵务必在三日之内找到渡河之策，否则问斩。

薛仁贵苦思无计，昏睡在帐，忽然梦见河神进帐说："明日辰时，河中有桥渡大军过河。"他还叮嘱过桥后切不可回头看，说完就不见了踪影。

薛仁贵惊醒，急令探子察看，这时探子来报，三岔河面大雾弥漫，果然有桥现于三岔河水面。唐王闻讯大喜，下令急渡，薛仁贵断后。大军抵达彼岸后，薛仁贵回头一看，原来这桥竟是由螃蟹堆集而成！顷刻间，一声巨响，蟹桥陷落。

后人传说，螃蟹盖上的马蹄印是唐王大军马蹄所踏。

日本绒螯蟹

湖田十月清霜堕，晚稻初香蟹如虎。
扳罾拖网取赛多，篾篓挑将水边货。
纵横连爪一尺长，秀凝铁色含湖光。
蟚蜞石蟹已曾食，使我一见惊非常。
买之最厌黄髯老，偿价十钱尚嫌少。
漫夸丰味过蝤蛑，尖脐犹胜团脐好。
充盘煮熟堆琳琅，橙膏酱渫调堪尝。
一斗擘开红玉满，双螯啰出琼酥香。
岸头沽得泥封酒，细嚼频斟弗停手。
西风张翰苦思鲈，如斯丰味能知否？
物之可爱尤可憎，尝闻取刺于青蝇。
无肠公子固称美，弗使当道禁横行。

——《蟹》（唐）唐彦谦

一、物种本源

拉丁文名称，种属名

日本绒螯蟹（*Eriocheir japonicus* de Haan），属于方蟹科、弓蟹亚科、绒螯蟹属。

形态特征

日本绒螯蟹头胸甲的前半部较后半部窄，表面与河蟹颇为近似。头、胸、甲部长50～60毫米，宽55～65毫米，其最大个体的头胸甲宽可达100毫米，步足伸直后全宽为300毫米。额宽约为头胸甲最宽处的1/3，前缘分4齿，前侧缘（连外眼窝角在内）共分4齿。螯足长节呈三棱形，第2～5对步足用于爬行，偶尔用来游泳。日本绒螯蟹的活体呈青绿色，头胸甲呈现细网纹状，螯足密生绒毛（故日本广岛当地称之为毛蟹）。

习性，生长环境

日本绒螯蟹主要分布于朝鲜、库页岛等地以及日本的北海道、广岛地区和中国的江浙、长江以北、福建、广东、台湾、香港等地区。日本绒螯蟹是一种降河性洄游蟹类，即在海中渡过幼体期后就逆河而上，在淡水中生长育肥，而后为了交配和产卵又重回海中。每年秋季，各地渔民在河流中用蟹笼等渔具将其捕获上市出售。幼蟹的生活适宜水温为10～30℃，5℃以下进入冬眠状态，35℃以上产生逃避行为。幼蟹对盐度的适应范围相当广，从淡水到高盐度水均能生存，但在淡水中饲养有利于生长。日本绒螯蟹作为放流对象比较适宜，但不大适宜作为养殖对象。

日本绒螯蟹

二、营养及成分

日本绒螯蟹所含中药化学成分较多。绒螯蟹的肉质及血液中富含蛋白质、脂肪、碳水化合物以及无机盐类，且还有维生素A、核黄素、烟酸等，而蛋白质经酸水解后又富含多种氨基酸。

三、食材功能

性味 性温，味咸。

归经 归肝、肾经。

功能

（1）《中国药用动物志》中记载，绒螯蟹干燥后全体均可入药。选用5~15克煎汤以内服，可活血通经，并有消肿之功效。

（2）补充钙质。蟹壳大约3/4为碳酸钙，又含有丰富的甲壳素。甲壳素为蟹、虾等壳的特殊成分。

夹心蟹丸

（1）材料：日本绒螯蟹500克、猪肥膘肉50克、鸡肉20克、大海带10克、火腿10克、香菇10克、口蘑10克、湿淀粉、葱、姜、香菜、蛋清、鲜汤等适量。

（2）做法：①鲜活日本绒螯蟹取下蟹黄，大海带剁碎，鸡肉剁泥。②蟹黄、海带碎和鸡肉泥调味搅匀制成指甲大小的蟹黄丸待用。③鲜活日本绒螯蟹取肉与肥膘肉一同剁成泥，加调料搅匀上劲，每个蟹丸中夹入一个蟹黄丸，放入微开的水锅中，同时放入焯水后的火腿、香菇、口蘑、调料。④微火烧开入味盛入小碗中，撒少许香菜即成。

夹心蟹丸

全蟹制品的分割工艺

（1）预处理：将清洗和蒸煮后的全蟹依次经蟹腿分割、蟹肢分割、蟹体分割、蟹碎肉下脚料的回收。

（2）加工：淡水蟹肉的加工不仅能够保持局部蟹体肉的原本形状，

同时能够充分回收分割加工过程中弃废的可食部分。在预处理后最终分割获得蟹上腿肉、蟹中腿肉、蟹钳肉、蟹柳肉、蟹膏、蟹黄、蟹粉肉和蟹碎肉的全蟹系列制品，其中蟹上腿肉、蟹中腿肉、蟹钳肉、蟹柳肉基本保持了原有的形状；同时对全蟹分割加工过程中弃废的可食部分进行回收加工。

（3）成品：淡水蟹肉。

低胆固醇高纯度蟹黄油的制备

（1）预处理：采用水酶法和溶剂萃取法二步法工艺提取蟹黄油，结合微胶囊包埋技术脱除蟹黄油中的胆固醇。

（2）加工：以蟹黄为原料，以酶水解制得第一部分中性脂蟹黄油产品，再以酶水解后分离得到的脂蛋白乳化液继续进行乙醇萃取制得第二部分蟹黄油产品。同时结合酶水解和溶剂萃取两步单元操作技术的组合，得到的蟹黄油胆固醇含量较高，用β-环糊精包埋技术脱除胆固醇，即可得到低胆固醇的蟹黄油。

（3）成品：低胆固醇的蟹黄油制品。

五、食用注意

在蒸煮螃蟹时，选用凉水下锅，以免蟹腿因冷热不均而掉落，由于螃蟹在泥沙之中生长，难免有致病菌等细菌，为防止致病菌侵入人体，因此在食用螃蟹时应充分蒸熟煮透。一般根据螃蟹大小以及数量多少，在水烧开后再蒸煮8～10分钟为宜。绒螯蟹自有鲜味，因此蒸煮时无须再添加调味料，但偶尔会有腥臊气味。常见有效去除异味的方法是，在蒸煮之前的2～3小时，解开捆绑蟹的草绳，将蟹放入清水（自来水）中，待蟹在运动中将体内积聚的氨氮排出就可以了。

“蟹和尚”的故事

在阳澄湖一带，人们广泛流传着有关“蟹和尚”的故事。

据说这个“蟹和尚”是当年的法海和尚变成的。

在人人皆知的《白蛇传》故事里，白素贞为了向法海和尚讨还许仙，便使法术水漫金山。

法海和尚一怒之下，将白素贞压在雷峰塔下。

苏杭一带的老百姓多受许仙和白素贞的恩德，便为白素贞打抱不平，因此有消息传到了玉皇大帝那儿。

玉皇大帝连忙派太白金星下凡查办此事。太白金星率天兵天将下凡捉拿法海。

法海见状急忙逃走，待到了阳澄湖边时，发现已无路可走。情急之下，他看见水滩的石缝间，有一只螃蟹正在蜕壳，没有抵抗能力，于是便抓住时机，立即从蟹壳的缝隙里钻了进去，躲藏在蟹壳里一动也不动。不过，法海的一举一动，却没有逃过太白金星的法眼。

他看得清清楚楚，便对躲藏在蟹壳里的法海说：“如今你做了凶人，天地难容。本该一个霹雳将你打死。但念你有悔改之意，今天暂且放你一条生路。从此以后，你必须安分守己，在蟹壳里修炼正果!”

躲在蟹壳里的法海，心里暗暗叫苦。可是他还有什么别的办法呢？从此，他只能终日坐在蟹壳里盘腿打坐，遵旨修行。

大闸蟹

水面弦生，郭索响、谁能遣此。
问白傅、浔阳江上，可曾如是。
天外雨随帆共落，洲边雁与船同寄。
人奴之、笞骂此生无，应足矣。
河蟹贱，肥而旨。
秋山暮，红兼紫。
但酒酣以后，呼牛亦唯。
铸铁竟成千古错，读书翻受群儿耻。
笑道旁、石马亦何为，风吹耳。

——《满江红·舟次丹阳感怀二首仍用天山韵（其一）》
（清）陈维崧

一、物种本源

拉丁文名称，种属名

大闸蟹（*Eriocheir sinensis*），属于腹胚亚目、弓蟹科、绒螯蟹属。别名毛蟹、河蟹、清水蟹。

形态特征

大闸蟹形态有四大特征：一是青背，蟹壳通体呈青泥色，且平滑而有光泽；二是白肚，贴泥的脐腹甲壳晶莹洁白，且无墨色斑点；三是黄毛，蟹腿的毛长而呈黄色，且根根挺拔；四是金爪，蟹爪金黄且坚实有力。其以“青背白肚、金爪黄毛、黄满膏肥、营养丰富”著称。

阳澄湖大闸蟹

习性，生长环境

大闸蟹主要分布于中国的江苏、湖北、安徽、江西、上海等长江中下游地区。自然生长的大闸蟹一般是穴居或隐居。在食物丰盛、可饱食时，它们为躲避敌害，常常营穴居生活。没有穴居条件时，它们便躲在石砾或草丛中隐居。大闸蟹通常喜欢生活在水质清洁、水草丰盛的江河湖泊中，在池塘中时，它们常隐伏在池底的淤泥中。大闸蟹在淡水中生

长，在海水中繁殖。

二、营养及成分

大闸蟹味道鲜美且营养丰富，历来被视为蟹中上品。此外还含有维生素A、烟酸以及10多种氨基酸，尤以谷氨酸、组氨酸、精氨酸和脯氨酸最为突出。每100克大闸蟹部分营养成分见下表所列。

蛋白质	14克
碳水化合物	7克
脂肪	5.90克
铁	13毫克
核黄素	0.71毫克

三、食材功能

性味 性寒，味咸。

归经 归肝、胃经。

功能

（1）《本草拾遗》中曾有记载："其功不独散，而能和血也。"大闸蟹性寒味咸，但蟹肉却有清热、滋阴、理经脉等效用，其蟹壳也可清热解毒、祛瘀清积止痛。

（2）唐朝的孟诜说："蟹，主散诸热，治胃气，理筋脉，消食。醋食之，利肢节。"

四、烹饪与加工

根据《调鼎集》的记载，汉席中就有清蒸大闸蟹、醉蟹、锅烧螃蟹、蟹肉炒菜苔、炒蟹等多道蟹菜，足以说明清朝时蟹菜在汉族饮食中的地位。此外，《调鼎集》的“水族无鳞部”设有“蟹”一节，记录了31种蟹菜，“清蒸大闸蟹”更是作为与“蟹”并列的一节，专门记录了烹调方法，足见清代百姓对大闸蟹的喜爱。

清蒸大闸蟹

（1）材料：大闸蟹500克，葱花、姜、生抽、香油、香醋、糖等适量。

（2）做法：①将蟹洗净、装入盘中，放入电锅内，锅内加1杯水，按下开关并蒸煮。②葱花、姜、生抽、香油、香醋、糖等调和成佐味蘸料。③将蒸制好的蟹蘸佐料吃。

清蒸大闸蟹

速冻调味大闸蟹

（1）预处理：将大闸蟹放入清洗液中，沥干水分后对大闸蟹进行灭菌处理。

（2）加工：对灭菌处理后的大闸蟹再进行蒸煮处理，低温浸泡调味等工艺处理，再加入调味汁和调味油进行二次调味处理。调味后采用现代食品加工技术进行液氮速冻，从而保持蟹肉纤维的完整性。

即食大闸蟹

（1）预处理：对大闸蟹进行挑选，之后采用净水培养并清洗，将蟹捆扎备用。

（2）加工：制作汤汁并调配好汤汁；蒸煮活蟹再冷却和浸泡，最后进行密封包装。

（3）成品：无需对产品再次加热，拆包即可食用，不损害鲜蟹的营养和口感，避免大闸蟹在运输过程中的损耗。

五、食用注意

（1）大闸蟹的胃、肠、鳃、心不能食用，大闸蟹的胃俗称“蟹和尚”，这是一种形为三角的囊状物，位于头胸部的前端；大闸蟹的鳃部位于头胸部的两侧，此处俗称“蟹胰”，上面常沾有污物和寄生虫寄居；大闸蟹的心脏则位于胸部的中央，形为六角形。

（2）因为螃蟹本性寒凉，伤风感冒者少食或不吃为宜。

大闸蟹的传说故事

包笑天曾为大闸蟹写过一篇《大闸蟹史考》，其中道出了“大闸蟹”3个字是来源于苏州卖蟹人之口。

原本卖蟹人总是在下午挑了担子沿街叫卖：“闸蟹来大闸蟹。”

这个“闸”字，本音同“炸”，原意为蟹以水蒸煮而食用，因此谓之“炸蟹”。然而这样的解释尚不能穷尽词义。

吴讷士是苏州草桥中学的创办人。其父吴大澂在晚清时曾官拜湖南巡抚，在中日甲午战争中，当过刘坤一的副帅。

张惟一与王颂文同为吴讷士的好友，也为吴家的常客。顾炎武的《天下郡国利病书》手稿，曾流失二百多年，最后为吴士讷所购得。

事有凑巧，吴家设蟹宴。而包笑天作了有关“大闸蟹”名称的由来与解释：“闸字断然是不错的，凡捕蟹者，他们在港湾间，必定要设一闸，通常此闸以竹编而成。到了夜间来到隔闸旁，将灯火摆置到闸上，蟹见有灯火之光，遂即爬上竹闸，即在竹闸之上一一捕蟹，此种方法极为便捷，于是便有闸蟹之名的由来。”

竹闸即竹簖，在簖上捕捉到的蟹被称为闸蟹，体型较大且较丰满的就称为大闸蟹；又因阳澄湖此处盛产此物，故名阳澄湖大闸蟹。

章太炎夫人汤国黎女士曾有诗曰：“不是阳澄蟹味好，此生何必住苏州。”

吃大闸蟹一定是要煮的（在吴语中“闸”与“煮”又同音）。采用蒸煮的方法是保证蟹中有充足的水分，不是一般的隔水蒸。

大闸蟹必须用冷水煮，否则蟹下锅时会因水太热而挣扎，蟹爪必因此而掉落，从而损失了蟹黄。此外，最好在开水中放少许葱姜、紫苏和老酒。

沙蟹

泉上长吟我独清。喜君来共雪争明。已惊并水鸥无色，更怪行沙蟹有声。添爽气，动雄情。奇因六出忆陈平。却嫌乌雀投林去，触破当楼云母屏。

——《鹧鸪天·和传先之提举赋雪》（南宋）辛弃疾

一、物种本源

拉丁文名称，种属名

沙蟹（*Ocypodidae*），属于爬行亚目、沙蟹科。起源于白垩纪，十足目短尾次目的一科，在第三纪繁荣昌盛。这类群的蟹类分化较为复杂，在较长时期中，许多学者均将其分为3亚科：沙蟹亚科、大眼蟹亚科和股窗蟹亚科。

形态特征

沙蟹的头胸甲部形状不一，大都呈方形或横长方形，有的呈圆球形或方圆形。额窄，常弯向下方，眼窝深而大。雌、雄蟹的体型及颜色一致，甲壳、步足、螯的颜色呈灰褐色，并密布着点点浅色斑，酷似沙粒的形态，小螯状如叉子，眼睛小而圆。沙蟹眼柄长，身在洞中也可窥视洞外的情况。雄蟹拥有一只大螯，雄蟹的最大特征就是大小悬殊的一对螯，大的那只称交配螯，颜色鲜艳，有特别的图案；重量几乎为身体的一半，长度为该蟹甲壳直径的3倍以上；小螯极小，用以取食，称取食

沙　蟹

螯，用以刮取淤泥表面富含藻类和其他有机物的小颗粒送进嘴巴。而雌蟹的两只螯都很小。

习性，生长环境

沙蟹主要分布于朝鲜、日本、泰国、印度尼西亚、新加坡、澳大利亚和中国；在我国主要分布于辽宁、山东、江苏、浙江、福建、广东等海域。沙蟹广泛分布于全球热带、亚热带的潮间带，是暖水性且群集性的蟹类。生活环境为海水，常穴居于近海潮间带或河口处的泥沙滩上，海水中穴居于潮间带泥滩上。

二、营养及成分

沙蟹中含有丰富的蛋白质，还有钙、磷、铁等多种矿物质，具有较高的药用价值，对身体有很好的滋补作用。

三、食材功能

性味 性寒，味咸。

归经 归肝、胃经。

功能

（1）《本草拾遗》中记载："其功不独散，而能和血也。"

（2）医学认为沙蟹性寒味咸，蟹肉有清热、散血结、续断伤等功用；其壳可清热解毒、破瘀清积止痛。

（3）沙蟹肉具有舒筋益气、理胃消食、通经络滋阴的功效。

四、烹饪与加工

烹饪沙蟹

（1）材料：沙蟹500克、甜橙、白菊花、姜、香雪酒、芝麻油、米醋、白糖等适量。

（2）做法：①甜橙洗净，顶端用三角刀刺一圈锯齿形盖，揭开盖，取出橙肉及汁水，将沙蟹煮熟，剔取蟹粉。②炒锅烧热，下芝麻油适量，投入姜末、蟹粉，倒入橙汁及橙肉、香雪酒、米醋、白糖炒熟，淋芝麻油，摊凉后，分装入甜橙中。③盖上橙盖。取大深盘1只，将甜橙排放盘中，加入香雪酒、米醋、白菊花，包上玻璃纸，上笼用旺火蒸十分钟即成。④上席时，可将甜橙分别用小玻璃纸包扎好，放入小盅，方便食用。

北海沙蟹汁

沙蟹汁就是用沙蟹做成的汁。在广西北海市的海边沙蟹资源十分丰富，它在退潮时会出洞到海滩上活动。沙蟹汁完全是“生”的，制作过程中没有加热煮熟的步骤，因此沙蟹汁带有一股腥味，但吃起来却很香。由此，沙蟹汁成了类似“臭豆腐”的存在，喜欢的人觉得它美味无比，不喜欢的则是闻着就讨厌。沙蟹汁是很美味的调料，在吃白切鸡的时候做蘸料，会让人回味无穷。沙蟹汁焖豆角可以说是广西北海市的名菜，就算只是在喝白粥的时候，放上一点沙蟹汁，也会令人胃口大开。这是一道地地道道北海特色蘸酱，本地人都喜欢。

（1）材料：沙蟹500克、辣椒、蒜头、姜、白酒、食盐等适量。

（2）做法：①选好活蟹，把沙蟹放在清洁海水中，多次换水，目的是清洁沙蟹。沙蟹腹底的脐盖掀掉。②把沙蟹放到清洁干燥的瓦盘里，每1000克沙蟹加100克食盐。③木棒捣碎沙蟹。在捣碎的沙蟹里加切成颗粒的蒜头、姜、辣椒、白酒适量，拌匀。④把调好的沙蟹汁分装到玻璃瓶里，日光下暴晒1小时左右。制作过程中不能用塑料类制品，会影响沙蟹汁的味道和口感。

沙蟹酱

（1）预处理：选取大小均一的沙蟹，刷洗干净，并切成小碎块，放入腌制罐器中。

（2）加工：加入姜、葱、红辣椒、料酒、盐等调味料，充分搅拌均匀后进行腌制。保证每天在阳光下暴晒6～8小时，每天翻滚2～3次。

（3）成品：发酵2～3个月之后即可食用，具有独特风味的沙蟹酱。

沙蟹酱

五、食用注意

（1）沙蟹一般可与冬瓜同食，具有养精益气之功效；与芦笋同食，具有强化骨骼之功效；与枸杞同食，具有补肾壮阳之功效。

（2）患有感冒、肝炎、心血管疾病的人不宜食用沙蟹。

“牵沙蟹”说法的由来

海水过后，你会发现沙滩上有些地方不一样，疙疙瘩瘩的，有些粗糙。

走近一看，是一片极细小的小沙球和一些小洞。蹲下来耐心等几十秒，那些可爱的小生命从小洞里钻出来了，都是米粒般大小的沙蟹。

沙蟹们钻出来后，用两只钳子往嘴里喂被海水浸湿的沙，然后吐出一个个比米粒还小的小沙球，圆圆的，在它们的藏身洞旁边一直铺过去，铺过去。

所以在远处看，这片沙滩就跟其他平整的地方不一样。

沙蟹估计听觉是灵敏的，隔十来米的脚步声它们能听到，就全都齐刷刷地退进洞穴。出来的时候不那么整齐，有先有后，但相差的时间也不多，像是一个有纪律的军团。

沙蟹很机灵，不易捕，海涂泥泞不宜挖洞而取，且往往有“对头洞”，你挖了这里，它跑到那里。

渔人根据沙蟹见物即牢牢钳住的特性，用绳子塞入洞内，慢慢牵引它出来的办法诱捕，俗称“牵沙蟹”。

捕到的沙蟹，不宜清洗，也不宜用水养，所以到了市场上，沙蟹还是一身泥污。但沙蟹价廉物美，炒制后是一盘最受欢迎的大众荤菜。

沙蟹体小足更小，吃起来很麻烦，乡人往往带壳咀嚼，味道也不错。同时，海边人家有一个小捣臼，用来把沙蟹研成蟹酱，加些盐和酒，装瓶腌制，送给远方的亲友，或贮存起来到沙蟹淡季时再吃。

目前有不少加工厂家，在沙蟹旺季大量收购，后制成蟹酱，贴上彩色商标，畅销全国各地，甚至出口创汇。土产转化为名产，不失为一大生财之道。

华溪蟹

不到庐山辜负目，不食螃蟹辜负腹。
亦知二者古难并，到得九江吾事足。
庐山偃蹇坐吾前，螃蟹郭索来酒边。
持螯把酒与山对，世无此乐三百年。
时人爱画陶靖节，菊绕东篱手亲折。
何如更画我持螯，共对庐山作三绝。

——《游庐山得蟹》（宋）徐似道

一、物种本源

拉丁文名称，种属名

华溪蟹（*Potamidae*），属于十足目、短尾亚目、溪蟹科、华溪蟹属。

华溪蟹

形态特征

华溪蟹额区的一对隆起各具横行皱纹，眼窝后部的隆起也较为明显，中部胃区与心区之间有较为明显的“H”形沟槽。额头宽大，表面具有一定的颗粒状质感；两侧的螯足实际上并不对称，蟹螯粗壮且大小会呈现出不对称状，腕节与掌节表面均有扁平状的颗粒；掌节背面也有五根刺，内外侧面的颗粒纵向排列；头胸甲的颜色为棕色并伴有红色斑驳，螯逐渐呈鲜红的颜色。外形与一般方蟹相似，长10~40毫米，宽15~50毫米，终生栖息于淡水之中。

习性，生长环境

华溪蟹主要分布于热带地区，以及亚热带与温带边缘。其大部在山溪石下或溪岸两旁的水草丛中与泥沙间，有些也穴居于河、湖、沟渠岸边的洞穴里。

二、营养及成分

华溪蟹含有较为丰富的蛋白质、脂肪以及维生素类物质。每100克华溪蟹部分营养成分见下表所列。

蛋白质	19.16克
脂肪	10.82克
灰分	11.69克
胆固醇	0.13克
钙	129毫克
磷	180毫克
铁	13毫克

三、食材功能

性味 性寒，味咸。

归经 归肝、胃经。

功能 华溪蟹的蟹肉、蟹壳含有大量的蛋白质，这是人体与肌体细胞的重要组成部分；还含有钙、磷、钾、钠等多种常量元素和微量元素，可促进人体发育，提高机体免疫等。

四、烹饪与加工

中国许多地区都有食用华溪蟹的习惯。有关华溪蟹的做法有多种，如油炸、烤制、卤制、腌制等制作工艺，也可以经消毒后进行鲜食。

清炒华溪蟹

（1）材料：华溪蟹300克，白菜75克，芹菜75克，葱、姜、蒜、盐、油等适量。

（2）做法：①华溪蟹中间切一刀，横过来纵向切两刀，斩断蟹钳，用刀拍裂。②白菜切条、芹菜切段，分别焯水半熟垫在盘底。③锅中加水、加少许盐，放入蟹块，烧至八成熟倒出。④另起锅，葱、姜煸炒出香味放入蟹块，加调味品迅速翻炒，点明油出锅即成。此道菜的特点是菜品色泽白、红、绿，口味咸鲜、营养丰富。

蒜香华溪蟹

（1）材料：华溪蟹500克，西芹、老干妈辣酱、葱、姜、蒜、干辣椒、干花椒、熟芝麻、油、干粉等适量。

（2）做法：①蟹去壳剁块腌制，蒜瓣切厚片待用，蟹肉处沾满干粉，下入七八成热油中炸（反复三次左右，要求酥脆）。②另起锅煸炒干花椒、辣椒；下蟹、葱、姜、西芹、蒜上火再炒，辣椒变色后下老干妈辣酱继续翻炒；炒至各种味道全部飘出撒上熟芝麻出锅装盘。这道菜具有辣而不腻、味道浑厚、回味悠长、肉壳同食、酥脆可口、营养丰富等特点。

蒜香华溪蟹

醉蟹（蟹肉）罐头

（1）预处理：将华溪蟹分割成蟹块，采用巴氏灭菌罐头生产工艺，用纯水洗涤，再用盐水浸泡数小时，修整蟹边角，流水充分洗去盐分。

（2）加工：原料蟹经清洗筛选验收后并消毒，采用蒸煮手段加热后进行冷却，冷藏后制取蟹肉以及制备汤汁，再进行装罐并排气后封罐处理，运用现代化食品加工技术（巴氏灭菌工艺），能够有效解决肉质品质降低问题，并有效杀菌，最大限度地保留热敏性营养成分，防止水分流失。

（3）成品：冰水冷却后装入箱中，并加入调配酒水，密封冷藏。

五、食用注意

（1）华溪蟹是肺吸虫的中间宿主，因此在没有消毒的情况下不建议对蟹进行生食；在靠近蟹腿处会有白色刷子状细毛，此处作为蟹的肺部也不建议食用。

（2）蟹不宜与脂肪含量较高的食物（花生仁等坚果类）一同食用，容易导致腹泻。

（3）冷水、冰激凌等属寒凉之物，会使肠胃功能减弱，与蟹同吃，极易导致腹泻。

诗人与蟹

古往今来，不少文人墨客啖蟹、品蟹、咏蟹、画蟹，留下了许多逸闻雅事，为人们品味蟹平添几分韵味。

唐代李白对蟹情有独钟，尤其喜欢啖蟹佐酒，“蟹螯即金液，糟丘是蓬莱。且须饮美酒，乘月醉高台”。诗仙那持螯举觞之态，疏狂晕乎之状，尽在寥寥诗句之中。

宋代大文豪苏东坡嗜蟹成癖，常以诗换蟹：“堪笑吴中馋太守，一诗换得两尖团。”文豪一诗换两蟹，得意之状令人捧腹。宋代的徐似道食蟹之后，发出“不到庐山辜负目，不食螃蟹辜负腹”之感叹。

宋代诗人黄庭坚喜食扬州贡蟹，称其物美绝伦。诗云：“鼎司费万钱，玉食罗常珍，吾评扬州贡，此物真绝伦。”他还谙熟烹蟹之法，认为蟹性寒，宜伴一点姜，并在蟹诗中写道：“解缚华堂一座倾，忍堪支解见姜橙。”

宋代陆游爱啖螃蟹，写道：“传方那鲜烹羊脚，破戒尤惭擘蟹脐”。“蟹黄旋擘馋涎堕，酒渌初倾老眼明。”他说刚动手擘开肥蟹时，馋得口水淌了下来，持螯把酒，昏花的老眼也亮了起来，真可谓嗜蟹近痴。

寄居蟹

窃踞他所自为家，悠闲移步逛天涯。
若有房东责问时，无可言语是壳裟。

——《寄居蟹》（现代）肖磊

一、物种本源

拉丁文名称，种属名

寄居蟹（*Paguridae*），属于寄居蟹总科、陆生寄居蟹科/寄居蟹科。又名“白住房”“干住屋”、真寄居蟹、寄居虫、海寄生等。

寄居蟹

形态特征

寄居蟹可分为陆栖寄居蟹和海栖寄居蟹，通身似蟹，体形较长，分头、胸、腹部几个部分。头胸甲长10～35毫米，通常以螺壳为寄居体；身壳宽9～28毫米。头、胸、甲部及腹部呈淡黄色，鳃部以及眼柄的中间部位为深绿色，两边呈现绿黄色；躯体的左右并不对称，一般会向右呈现一种盘曲的状态，而这主要是方便于进出螺壳所构成的弯曲角度。对于尾肢与尾节的部分，左边常比右边更发达一些，并有较为粗糙的角质褥相伴。具有特异化功能的尾扇用于钩住螺壳壁的内后部位置，以至于使其整个身部不会轻易被拉出。

习性，生长环境

寄居蟹主要分布于太平洋等海域；在我国主要分布于辽宁、山东、江苏、福建、广东等海域。寄居蟹多在海边湿地、泥沙底中，偶尔也在陆地之上或者树上，根据其硬壳的不同以及栖息地的范围有所不同，总体可分为三大类：咸水型，多栖息于海岸附近，喜欢盐度较高；淡水型，多栖息于内陆，喜欢盐度较低；咸淡兼具型。

二、营养及成分

寄居蟹含有较丰富的牛磺酸、亚牛磺酸等含硫氨基酸，这是其他蟹中少有的；并含有糖酶、酯酶、蛋白酶、淀粉酶等多种酶。内在的中枢神经系统中往往是含有色素细胞素；肝胰腺、胃上皮及肠黏膜等组织可分泌出23种消化酶，包括单糖水解酶、多糖水解酶、酯酶、蛋白水解酶等。

三、食材功能

性味 性温，味甘。

归经 归肝、肾经。

功能 能缓解疼痛和消肿等。

四、烹饪与加工

爆炒寄居蟹

寄居蟹的蟹肉与肥脂有特别的味道（土味或腐味），不适合熬煮汤，一般只适合爆炒。爆炒时需放入其他的作料，一方面可以体现出蟹的美味，另一方面可以掩盖其本身的不良味道。

（1）材料：寄居蟹1200克，老干妈辣豆豉40克，姜、蒜、料酒等适量。

（2）做法：①将寄居蟹放入水中，仔细清洗3次。②热锅爆香姜、蒜，倒入寄居蟹翻炒，快速翻炒1分钟左右，沿锅边浇入15毫升料酒，放入豆豉，翻匀；边炒边浇入水，盖上锅盖，焖1分钟左右。③开盖后再次沿锅边浇入15毫升料酒；翻炒至干身即可出锅。料酒分两次浇能更好地渗透入味；最后一定要将水分吸干，腹部才会有焦香味。

爆炒寄居蟹

蟹肉松

（1）预处理：取蟹肉、水、盐、糖、黄酒、植物油、麻油以及味精、酱油、五香粉、辣椒粉、花椒粉等调味料。

（2）加工：结合现代食品加工技术，对这些原材料再经过进一步的炒制和干制。

（3）成品：具有独特风味的蟹肉松。

膨化蟹味脆条

（1）预处理：选用蟹粉、大米、玉米、植物油、盐等原材料，再辅助以葡萄糖、糖浆、味精等调味料，取蟹壳与蟹爪洗净、烘干并粉碎；再将大米、玉米等粉碎。

（2）加工：在原料充分混合搅拌均匀后，经螺杆挤压、切割、成型后烘烤；最后将植物油喷洒到物料上，再撒调味料。

（3）成品：对已成型的产品立即进行充氮气包装。

五、食用注意

（1）一般情况下患有感冒、肝炎、心血管疾病的人不宜食蟹，唯恐这种寒凉造成身体不适。

（2）不能与啤酒共同食用。在饮大量酒的同时又吃大量的海鲜，诸如蟹类，容易引起尿酸过高，导致痛风以及结石病。

（3）不能与含有鞣酸的水果共同食用。葡萄、山楂等水果时，不能与蟹类共同食用，以免在体内生成鞣酸钙，引起腹痛、呕吐、恶心等症状。

古人如何吃蟹

清代文学家、戏剧家李渔说："蟹之鲜而肥，甘而腻，白似玉，而黄似金，已达色、香、味三者之至极，更无一物可以上之。"

魏晋南北朝时就曾有"鹿尾蟹黄"这一道菜；隋代谢讽在《食经》中也记载了相关"成美公藏蟹"这一佳肴；隋炀帝时有一种独特的菜肴叫作"镂金龙凤蟹"，是在糖醉蟹上面盖一张镂刻龙凤图形装饰的工艺菜；张俊在进奉给宋高宗的美食之中，就有"螃蟹酿枨""洗手蟹""螃蟹清羹"等蟹馔。

然而，明代以前多为清水煮蟹；直到清代的美食家袁枚则独特地认为"蟹宜独食"，"最好以淡盐汤煮熟，自剥自食为妙"，而"从中加鸭舌，或鱼翅，或海参者，徒夺其味，而惹其腥恶"，是"劣极"的"俗厨"所为。

后来李渔也曾说过："凡食蟹者，只合全其故体，蒸而食之，贮以冰盘，列之几上，听客自取自食"，其好处是"气味与纤毫不漏出蟹之躯壳，即入于人之口"。

对于蟹的清水煮蒸之所以能一直延续至今，恐怕还由于吃时"把酒持螯"自有一种高雅闲适的情趣，被文人雅士视为至乐。曾经陆游就有诗云："蟹黄旋擘馋涎堕，酒渌初倾老眼明。"这其中可见剥壳食蟹是何等令人陶醉；《红楼梦》描写大观园里的"持螯会"也是这种吃法；蟹有腥味，"咸，寒，有小毒"，所以明代李时珍也曾指出"鲜蟹和以姜、醋，侑以醇酒，咀黄持熬"；元代画家倪云要知味，他煮蟹时要"齑、醋供"，想必用以驱寒去腥，杀菌解毒，并增加蟹之独特的美味；清代诗、书、画三绝的郑板桥迷于"持螯切嫩姜"，显然也是吃蟹极讲究的人。

参考文献

［1］ 陈寿宏．中华食材［M］．合肥：合肥工业大学出版社，2016：1020-1041.

［2］ 陈汉春．渔业标准化养殖技术丛书：南美白对虾养殖技术［M］．杭州：浙江科学技术出版社，2016.

［3］ 张高静，韩丽萍，孙剑锋，等．南美白对虾营养成分分析与评价［J］．中国食品学报，2013，13（8）：254－260.

［4］ （明）李时珍．本草纲目［M］．北京：线装书局，2019.

［5］ 马林，姜巨峰，吴会民，等．池塘循环水养殖5种品系南美白对虾肌肉营养成分分析与评价［J］．渔业现代化，2018，45（5）：36-44.

［6］ 黄建华．斑节对虾繁育与养殖技术［D］．广州：华南理工大学，2018.

［7］ 王娟．中国对虾、南美白对虾和斑节对虾肌肉营养成分的比较［J］．食品科技，2013，38（6）：146-150.

［8］ 刘芳，叶克难．虾头、壳废弃物的综合利用［J］．水产养殖，2007，（5）：30-33.

［9］ 依高彤，于毅，李九奇，等．渤海金州湾放流海域中国明对虾生长特性研究［J］．大连海洋大学学报，2019，34（3）：405-412.

［10］ 曹善茂．大连近海无脊椎动物［D］．青岛：中国海洋大学，2017.

［11］ 李红艳，李晓，刘天红，等．基于渔盐一体化养殖的中国明对虾营养成分分析［J］．渔业现代化，2017，44（5）：60-66.

［12］ （清）赵学敏，闫冰，等校注．本草纲目拾遗［M］．北京：中国中医药出

版社，1998.

［13］ 邓家刚. 广西海洋药物［M］. 南宁：广西科学技术出版社，2008.

［14］ 许星鸿，刘翔，阎斌伦，等. 日本对虾肌肉营养成分分析与品质评价［J］. 食品科学，2011，32（13）：297-301.

［15］ 满江，易磊. 民间验方［M］. 青岛：青岛出版社，2014.

［16］ 李乡状. 水产品的选购及营养常识［M］. 天津：天津科学技术出版社，2011.

［17］ 占家智，刘瑞兵，羊茜. 稻田养殖虾蟹［M］. 北京：科学技术文献出版社，2017.

［18］ 张树德，宋爱勤. 鹰爪虾及其渔业［J］. 生物学通报，1992，10（11）：12-14.

［19］ 崔光艳，姜增华，王假真，等. 2种养殖模式下罗氏沼虾肌肉营养成分的比较［J］. 江苏农业科学，2018，46（9）：212-214.

［20］ 朱春生. 水产养殖实用技术2［M］. 呼和浩特：内蒙古人民出版社，2007.

［21］ 陈蓝荪，李家乐，刘其根. 中国青虾产业发展研究［J］. 水产科技情报，2011，（5）：254-257+261.

［22］ 王军花，曹春玲，任杰，等. 鄱阳湖日本沼虾肌肉营养成分分析［J］. 南昌大学学报（理科版），2011，35（4）：380-383.

［23］ 钟文英. 特种水产生态养殖丛书：小龙虾生态养殖［M］. 长沙：湖南科学技术出版社，2018.

［24］ 倪永明，张昌盛，杨静，等. 物种战争之双刃剑［M］. 北京：中国社会出版社，2015.

［25］ 陈晓明，成兆友，赵建民，等. 盱眙龙虾肌肉营养成分分析与评价［J］. 食品工业科技，2010，31（7）：345-349.

［26］ 王蕊. 克氏原螯虾的营养保健等功能及相关食品的研究与开发［J］. 水产科技情报，2008，（1）：24-27.

［27］ 李松林. 克氏螯虾虾头Protamex蛋白酶水解产物的抗氧化活性和功能性质研究［J］. 现代食品科技，2013，29（4）：729-732.

［28］ 王鹏. 海南虾类［M］. 北京：海洋出版社，2017.

［29］ 曹文红，章超桦，谌素华，等. 中国毛虾营养成分分析与评价［J］. 福建水

产，2001，(1)：8-14.

[30] 付雪艳，薛长湖，宁岩，等. 中国毛虾酶解多肽降压作用的初步探讨 [J]. 海洋科学，2005，29 (3)：20-24.

[31] 王鹏，陈积明，刘维. 海南主要水生生物 [M]. 北京：海洋出版社，2014.

[32] 蒋霞敏，钱云霞，王春琳. 三种虾蛄肌肉营养成分分析及评价 [J]. 营养学报，2003，25 (2)：175-177.

[33] （清）王士雄. 随息居饮食谱 [M]. 刘筑琴，译. 西安：三秦出版社，2005.

[34] 辽宁省海洋与渔业厅. 辽宁省水生经济动植物图鉴 [M]. 沈阳：辽宁科学技术出版社，2011.

[35] 史文军，蒋葛，沈辉，等. 脊尾白虾“科苏红1号”肌肉营养成分分析 [J]. 食品工业，2019，40 (7)：304-308.

[36] 巩法慧，张殿昌，刘田田，等. 中国东南沿海刀额新对虾群体形态学比较研究 [J]. 南方水产科学，2016，12 (6)：76-82.

[37] 徐华林，李荔，邓利. 福田红树林保护区潮间带动物图谱 [M]. 广州：华南理工大学出版社，2016.

[38] 朱国萍，曹文红，黄燕凤. 三种野生对虾的营养成分比较评价 [J]. 海洋与渔业，2014，(8)：80-82.

[39] 李朝霞. 中国食材辞典 [M]. 太原：山西科学技术出版社，2012.

[40] 李维，张卫平，马静. 虾青素对卵巢癌细胞生长及侵袭的作用及机制 [J]. 国际生物医学工程杂志，2019，42 (3)：199-204.

[41] 余景，陈丕茂，冯雪. 珠江口浅海4种经济虾类的食性和营养级研究 [J]. 南方农业学报，2016，47 (5)：736-741.

[42] 《中国药用动物志》协作组. 中国药用动物志：第2册 [M]. 天津：天津科学技术出版社，1983.

[43] 林龙山，张静，宋谱庆，等. 东山湾及其邻近海域常见游泳动物 [M]. 北京：海洋出版社，2013.

[44] 温为庚，林黑着，牛津，等. 野生及养殖短沟对虾主要营养成分比较分析 [J]. 营养学报，2014，36 (3)：310-312.

[45] 薛宇航，袁馨怡，吴娅芳，等. 竹节虾虾头调味料风味前体物质酶解制备工

艺［J］．食品工业，2019，40（4）：124–128.

［46］韩庆喜，李新正．黄、渤海褐虾科（甲壳动物亚门，软甲纲，十足目）记述［J］．动物分类学报，2010，35（1）：227–239.

［47］林星，邱金海，严志洪．中国龙虾生物学特征及浅海筏式笼养技术［J］．江苏农业科学，2016，44（9）：251–254.

［48］胡维勤．食物营养成分速查手册［M］．哈尔滨：黑龙江科学技术出版社，2018.

［49］黄美珍．福建海区拥剑梭子蟹，红星梭子蟹和锈斑鲟的食性与营养级研究［J］．应用海洋学学报，2004，23（2）：159–166.

［50］张玉书．康熙字典·申集中（虫字部）［M］．长春：吉林文史出版社，2016.

［51］禹思宏．基于《证类本草》的陕西省道地药材文献分析与研究［J］．中国现代中药，2019，21（3）：404–408.

［52］钟爱华，俞存根．红星梭子蟹肌肉营养成分分析与品质评价［J］．营养学报，2016，38（1）：102–104.

［53］郑宽宽，何杰，许文军．海捕三疣梭子蟹的捕捞生产和研究现状［J］．浙江海洋大学学报（自然科学版），2019，11（2）：161–167.

［54］徐善良，张薇，严小军，等．野生与养殖三疣梭子蟹营养品质分析及比较［J］．动物营养学报，2009，21（5）：695–702.

［55］徐宗平，张兴国．三疣梭子蟹的加工工艺［J］．中国水产，2004（9）：71–72.

［56］张薇英，杨金生，夏松养．加热灭菌与贮藏条件对远海梭子蟹卫生指标的影响［J］．浙江海洋学院学报（自然科学版），2011，30（2）：142–144.

［57］张小军，余海霞，韩程程，等．细点圆趾蟹和锯缘青蟹肌肉营养成分分析与比较［J］．食品工业科技，2019，40（16）：274–277＋284.

［58］王雪锋，顾鸿鑫，郭倩琳，等．海水和淡水养殖锯缘青蟹的营养成分分析［J］．食品科学，2010，31（23）：386–390.

［59］艾春香，林琼武，王桂忠，等．锯缘青蟹的营养需求及其健康养殖［J］．福建农业学报，2005，20（4）：222–227.

［60］王万东．拟穴青蟹养殖技术［J］．中国水产，2018，（3）：97–99.

［61］韩耀龙．拟穴青蟹健康养殖模式研究［D］．汕头：汕头大学，2011.

[62] 黄继，王春琳，毋昌考，等. 日本蟳雌性越冬期各组织蛋白质和脂肪含量的变化研究 [J]. 海洋通报，2014，33 (1)：90-94.

[63] 丁金强，刘萍，李健，等. 中国沿海日本蟳4个地理群体的形态差异比较分析 [J]. 中国水产科学，2012，19 (4)：604-610.

[64] 俞存根，宋海棠，姚光展. 东海日本蟳的数量分布和生物学特性 [J]. 上海海洋大学学报，2005，14 (1)：40-45.

[65] 黄培民. 东海南部锈斑蟳数量分布及生物学特点 [J]. 福建水产，2006，(1)：23-25.

[66] 龚洋洋，黄艳青，陆建学，等. 锈斑蟳肌肉氨基酸和脂肪酸组成分析及营养品质评价 [J]. 海洋渔业，2014，36 (2)：177-182.

[67] 钟爱华. 舟山沿海锈斑蟳肌肉氨基酸组成及营养分析 [J]. 中国农学通报，2014，31 (2)：97-100.

[68] 潘怡辉. 莫将蟛蜞当螃蟹 [J]. 开卷有益：求医问药，2014，(8)：39.

[69] 赵磊，吴旭干，龙晓文，等. 中华绒螯蟹、日本绒螯蟹及其杂交种成体主要矿物质元素含量比较 [J]. 广东农业科学，2014，41 (22)：109-113+118.

[70] 张列士，姜治忠，李军. 日本绒螯蟹与不同水系中华绒螯蟹的形态比较 [J]. 上海水产大学学报，2002，11 (2)：110-113.

[71] 高天翔，张秀梅，柳广东，等. 10个日本绒螯蟹群体与中华绒螯蟹形态的主成分分析 [J]. 大连水产学院学报，2003，18 (4)：273-277.

[72] 范思华. 沙蟹汁中氨基酸和小分子肽对其鲜味影响的研究 [D]. 南宁：广西大学，2019.

[73] 刘天天. 分子感官科学技术对北海沙蟹汁风味分析的研究 [D]. 南宁：广西大学，2017.

[74] 戴爱云，江永平. 华溪蟹属三新种的描述（十足目：华溪蟹科）[J]. 动物分类学报，1991，16 (3)：290-296 +385.

[75] 韩源源. 中国海陆生寄居蟹科和寄居蟹科（甲壳动物亚门：异尾下目）的系统分类学研究 [D]. 临汾：山西师范大学，2018.

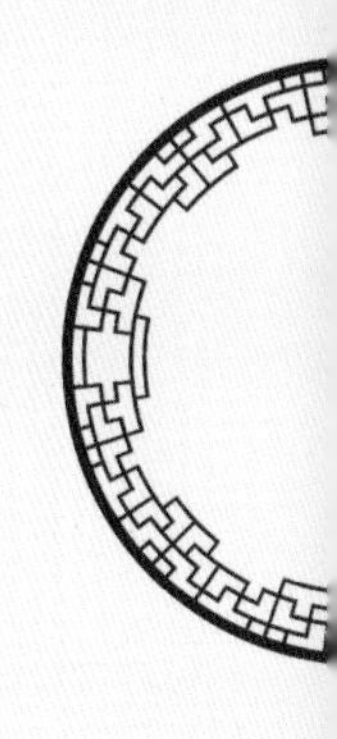

图书在版编目（CIP）数据

中华传统食材丛书.虾蟹卷/郭泽镔主编.—合肥：合肥工业大学出版社，2022.8
ISBN 978-7-5650-5233-0

Ⅰ.①中… Ⅱ.①郭… Ⅲ.①烹饪—原料—介绍—中国 Ⅳ.①TS972.111

中国版本图书馆CIP数据核字（2022）第157769号

中华传统食材丛书·虾蟹卷
ZHONGHUA CHUANTONG SHICAI CONGSHU XIAXIE JUAN

郭泽镔 主编

项目负责人 王 磊 陆向军
责任编辑 吴毅明
责任印制 程玉平 张 芹
出　　版 合肥工业大学出版社
地　　址 （230009）合肥市屯溪路193号
网　　址 www.hfutpress.com.cn
电　　话 党 政 办 公 室：0551-62903038
营销与储运管理中心：0551-62903198
开　　本 710毫米×1010毫米 1/16
印　　张 13 **字 数** 181千字
版　　次 2022年8月第1版
印　　次 2022年8月第1次印刷
印　　刷 安徽联众印刷有限公司
发　　行 全国新华书店
书　　号 ISBN 978-7-5650-5233-0
定　　价 115.00元

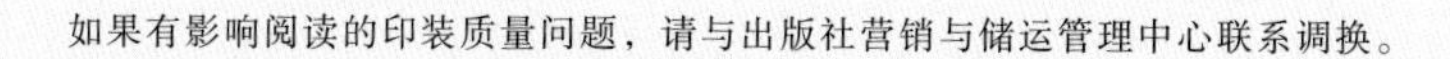